Water Above Ground

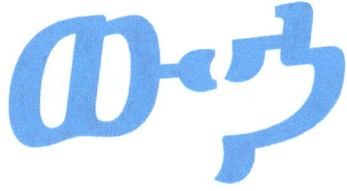

ውሃ

ከመሬት በላይ

ለዕድገት

ወሳኝ ሀብት

አካባቢያዊ
ቅኝት ለልማት

Environmental Observation

for Development

የመኖር ዋስትና ከመሬት በላይ ያለውን ውኃ ሀብት
በማስተዳደር ላይ የተመሠረተ ነው

Life security is based on managing the
water resources above the ground.

ማውጫ

ማውጫ

ክፍል 1 - በእንግሊዘኛ

In English

The main topics are from the contents of the published scientific new concept by the author. It incorporates environmental know-how for educating children however, the concept is essential for ages anywhere as long as they want to study and innovate with the environment.

The concept included in these books are believed to play a vital role in satisfying the intergenerational knowledge gaps of attention to rainwater, which is the primary water source for most places. Generally, each book's topics are significantly essential to help understand the environment; thereby, communities can play a significant role in making the world a better place to live.

Growing up in a beautiful rural village in Ethiopia, life is care-free and enjoyable for children. Depending on the seasons, they will determine the games they will play each year. In the Bata village, near Merawi town, there is a brave boy named Bekele. He is seven years old, and he loves to observe the environment very carefully. His family calls him by the nickname "Leeku" due to his excellent observing skills. The name

"Leeku" means curious who always pays attention to details and is ready to learn new things. He believes in the power of minor actions that facilitate a cumulative impact on the environment.

Sometimes Leeku travels to visit relatives spread across the country. It helps him build on his knowledge about the environment and gather his data on the mystery rainwater. For this critical reason, Leeku asks his older brother and family members various questions about the environment. His view focuses mainly on water resources, which is a crucial resource for sustaining the environment and fighting poverty at large.

The book series presents Leeku's questions and mainly his brother's explanations in a way that is easy to understand, colorful and joyful for children.

All people in the world depend on the environment we live in. Many surroundings largely have enormous resources; however, due to a lack of proper understanding, most people do not yet fully utilize it. It often leads to land degradation, thereby poverty. The new concept is published with thirteen waterways and five partitioning points of the rainwater to manage A to Z of the resources. However, from experience, attention to rainwater is generally low in some parts of the world. Despite ample rainfall in considerable places, water scarcity unfortunately prevails, leading to poverty.

At the helm of the water crisis, children are the primary victims of malnutrition.

In some counties, there is a critical knowledge gap in understanding the environment, which hinders people from acting accordingly. Especially the connection of one resource management to the other is not well understood.

To fill this gap, educating children about how resources flow from one form to another is vital for building generations with a proper understanding of the environment in detail.

It is for this purpose the publishing of this series with procedural flows was planned to be produced. These books are essential to upgrade innovative skills, on top of improving children's reading experiences. It is better to believe that after a while, the upcoming generation can get the necessary support from their families since they often fight poverty from the knowledge acquired during their childhood. Then, the aspiration comes to play a role in managing natural resources, thereby making the world a better place.

Once Leeku's book series is completed, it will provide the opportunity to recompile or translate for further editions. From there, it can serve for community awareness and training in several places of the world. This is one of such effort.

It will also increase the number of books available to children and at most to the communities. The colorful descriptions are vital to convince them, and it is as an opportunity for different organizations to work together. For instance, targeting rainfall management in Africa, helps increase global food production, on top of making the continent a tourist destination. It also helps to reduce migration. For this reason, when you buy this book series, you support the most significant aspiration to leverage change at the community level in several places.

From The Floating Water Book

Life is possible with the existence of natural resources; otherwise not. Depending on the place, the environment provides us varied degrees of water, warmth, food, oxygen, etc. However, climate change seriously affects optimum natural resource transfers and availability, for example, ice cover, ocean level, flooding, drought, drying out of water resources, etc.

The Earth is frozen if
solar energy is not there

Air, gravitational force, buoyancy force, and solar power on **land surfaces** and in the **atmosphere** mobilize all these natural benefits mentioned above.

Hence, land cover and air quality management must be our shared
vision to sustain climate benefits and avoid extreme events

Otherwise, we will be the victims of the Sun's heat energy: due to global warming. Those effects are intense drought/wildfire or other places severe flooding/hurricanes, in other words, excessive dryness and excess water, respectively. In conclusion, the extreme level of water matters for climate change.

Our existence depends on how we manage

The Floating Water

The current approach emphasizes recycling, solar power, and electric cars, generally reducing emissions to the air, which is an excellent target to reduce the impact of climate change; however, rainwater management can play a significant role in avoiding global warming and fighting poverty. It would be an added win-win approach.

Rainwater should have gotten attention because its poor management has become the cause of poverty, land degradation, and global warming. Climatic change is becoming the world's primary threat in many different forms. Hence educating the new generation on this essential topic should be a priority.

The book covers clouds as a primary resource for humans and the climate. It helps to educate children from home to school levels. Ages five to twelve are targets; however, the concept is essential for those above these ages to study and innovate with the environment differently. The idea included in these book series plays a vital role in satisfying the intergenerational knowledge gaps regarding rainwater management, which is the primary water source for most places.

Generally, each book's subjects in this series are crucial to help thoroughly understand the environment. Ultimately, it is necessary to facilitate communities to play a significant role in making the world a better place to live.

Do you believe wind is life? If yes, how?
What are basic climatic principles to follow?
What are the primary factors of rain formation?

Learning about those questions is very important to deal with climate change and being able to feed the future population. The upcoming publications answer these questions.

From Exploring Cloud Origin Book

Leeku had been busy having another exciting research adventure. It all began when he diligently asked relevant questions about the primary resource, the rainwater. So far, he has achieved so many great ideas. It eventually led him to desire the perfect environmental system with high production and only a few climatic change events in his village.

To highlight his environmental learning journey, he studied how the clouds move from place to place and how water falls from clouds. He analyzed how the floating water known as clouds could be trapped and settled to get optimum rainfall. On the other hand, he understands that healthy clouds are the best water sources, a means to clean and cool the earth, thereby helping to avoid wildfires and hurricanes.

Then, he wants to share the basic principles he explored so that the community members can do their best to sustain development. But there are still some fundamental mysteries that need to be figured out, for example, the origin of the floating water. The source of clouds is still a mystery to him; he is still investigating where and how the floating water originates. One of his theories is the possibility of clouds transferred from our neighboring planets in the Solar System!

Though Leeku struggles to understand reality, on the other hand, his family expects new but vital guidance that helps transform their living conditions. They believe that it will lay a foundation for sustainable development.

For this reason, they are ready for a discussion about new ideas at any time. This open discussion has been a very effective practice in generating new concepts and developing valuable opinions. Even though it takes an effort to commit several days to understand new ideas, this habit helps modernize the traditional practices, thereby making them practical and efficient. Such dedication is essential for the sake of sustainable development.

Understanding nature's processes are essential for choosing the best possible technologies that help to play a role in climatic changes and water scarcity. On the other hand, we should understand seriously that the availability of optimum water levels at all times elevates development and overall societal change because water scarcity hampers development in many different ways.

For this concern, Leeku and his brother are trying to understand the actual condition and investigate where the floating water originates. Leeku believes it is hard to figure out what to do or evaluate whether regular activities are suitable without understanding nature's reality. In other words, it is hard to figure out appropriate developmental measures without understanding nature that meets natural process requirements.

As mentioned above, Leeku considers the possibility that clouds come from other planets in this investigation stage. Other planets are very far, and most do not have air and water; however, they will investigate as much as possible to reach reality. They will use information from school, radio, books and the Ethiopian Earth Observation Office.

The primary purpose of Ethiopia's Earth Observation Remote Sensing Satellite is to provide information for agricultural, water, climate, mining, and environmental management interventions. Generally, the report helps to plan according to changing weather patterns. Satellite information helps to take more precautions depending on the expected challenge; thereby, the community can increase production and, on the other side, avoid damage and resource losses. In most cases, damages are visible, whereas resource losses may not be vivid. For real change we need to seek knowledge on the invisible waste of resources.

However, the information did not specify anything about the origin of the floating water yet. Along with the information provided by the Satellite, Leeku's family supports this great opportunity by having direct communication.

Water is life! We get water from clouds. However, the floating water origin is not clear to most community members.

To sustain cloud existence, what one needs to do is not yet as well figured out. Hence exploring clouds' origin is the base for:
- exploring absolute change paths,
- identifying the foundation for sound development, and
- accumulating pooled resources after implementation, thereby fighting poverty at the grassroots level.

Based on Leeku's Environmental Observation Series, the following basic principles are suitable for most development interventions. Part I, II, and III are familiar with all interventions, whereas part IV is specific to the subject of interest.

I. Focus area: Core team and voluntary group
   1. A team of different stakeholder representatives,
   2. Any voluntary member.

II. Focus area: Children and Young Community Members
   1. Educate the new generations about the significant resources that can dramatically improve the economy and environment.
   2. Empower young community members to guide and facilitate different tasks.

III. Focus area: The Community
   1. Aware by using different methods, including demonstrations, models, videos, and dramas. Hopefully, these will upgrade the community mindset, inform the process, and make them aware of the potential of interventions.

IV. Focus area: The resources (in this case with Leeku's findings)
   1. Create a colder environment: any mechanism that creates a cold climate. A promising intervention is planting trees by deploying recreational gardens.
   2. Tap and use the free solar power for different purposes.
   3. Cover the soil to protect it from direct sunlight.
   4. Allow rainwater to infiltrate.
   5. Use biological fertilizers.

6. Create porous soil to increase water holding capacity.
7. Groundwater recharging at selected sites.
8. Drain only excess stormwater.
9. Land management by constructing bridges, bunds, etc.
10. Construct buried and non-buried check dams.
11. Construct water harvesting structures like ponds and small dams.
12. Forest development
13. Agricultural development.
14. Irrigation development.
15. Hydro-power development.
16. Tourism development.

On top of these the Amharic part includes the rain system basic factors. Understanding those factors may help to develop a system that works by itself like rain; thereby feed the future.

The book describes water in the air above the ground. It discusses rainfall, clouds, evaporation, and the invisible water: water in the air. Most of the contents are taken from the published children's books with the Leeku Environmental Observation Book Series.

This book is to share knowledge with the larger community groups who cannot read English as well.

ክፍል 2 - በአማርኛ

1. መግቢያ

ሀገራችን በድህነት መታወቋ እንዳለ ሆኖ የኑሮ ውድነትና ተመጣጣኝ ገቢ ለአብዛኛው አለመኖሩ ወደፊት ማህበረሰቡን የባሰ ወይም የከፋ ርሃብ መዳረጉ አይቀሬ ያደርገዋል።

ዋናው ምክንያት ቢያንስ ከደርግ ጀምሮ እስካሁን የነበሩና ያሉ ሀገር መሪዎችና ፖለቲከኞች ትክክለኛ የዕድገት መንገድ ነድፈው ወደ ትግበራ ስላልገቡ ዘላቂና ጉልህ ለውጥ ማስመዝገብ ባለመቻላቸው ነው። ምን አልባት መሠረተ ትምህርት እስካሁን ቢቀጥል ምን ሊሆን እንደሚችል ግምቱን ለናንተ የሚተው ጉዳይ ነው።

እስካሁን ድረስ ትክክለኛው የዕድገት መንገድ አልታወቀም

በዓይን ባይታይም የዕድገት መሠረት ካልተገነባ በስተቀር ሀገር ያደገ ቢመስልም የአብዛኛውን የማህበረሰቡን የኑሮ ሁኔታ መቀየር ወይም ማሻሻል አይችልም። የዕድገት መሠረቱም በዋና ሀብቶች አስተዳደር ላይ ተመርኩዞ ከተገነባ ዕድገትን ያፋጥናል፤ ዘላቂም ያደርጋል።

ልክ ፎቅ ሲገነባ ወደታች ተቆፍሮ መሠረት እንደሚመሠረተው ሁሉ ቀጣይነት ላለው ዕድገት አስፈላጊ የሆነው ዕውቀት ወደ ታች ዝቅ ብሎ በልጆችና በማህበረሰብ ደረጃ መገንባትና መመሥረት አለበት።

መስኖ፣ ውኃ ማቆር፣ ችግኝ ተከላ፣ እርከን ሥራ፣ ዝናብ ማዝነብ፣ ሳተላይት፣ ስንዴ ኤክስፖርት፣ ወዘተ ልማት ይባሉ እንጂ በዕውቀት ከራዕይ ጋር የተሳሰሩ አይደሉም

ከላይ የተዘረዘሩት የልማት አይነቶች ልማት ይምሰሉ እንጂ ሀብት የሚያጎለብቱ አይደሉም። ያለውን ሀብት ተጠቅሞ ማምረትና ሀብት አካብቶ ማምረት በጣም ተቃራኒ ናቸው። ለምሳሌ በአዕምሮው ደህና የሆነ ጎዳና ተዳዳሪ አንድ ባለሀብት አዲስ ልብስ ቢያለብሰው ከሳምንት በኋላ አዲሱ ልብስ ቆሽሾ ከድሮው አሮጌ ልብስ ጋር ይመሣሠላል። የተረዳው ግለሰብ በዘላቂነት እራሱን የሚያስችል አቅም አልተገነባለትም ስለዚህ ዕርዳታውን ዘላቂ አያደርገውም። የኢትዮጵያ ልማቶች ልክ እንደዚህ ናቸው ሲገነቡ ከፍተኛ ልማት የሚያመጡ ይመስሉና ውጤት ላይ ግን እዚህ ግባ የሚባል ትርፍ አይኖራቸውም።

ልማት ማለት አቅምን የሚገነባና ወደፊት ሚያስገሰግስ ሲሆን ነው

ሌላው ዋናው ጉዳይ የዕውቀት መጀመሪያን መለየት አስቸጋሪ መሆኑ ነው። ምክንያቱም አንድ በጠረፍ ሳይንስ ጎበዝ የሆነ የሀገር ሰው ዕውቀቱ ለዓለም ሲያገለግል በቀጥታ ለማህበረሰቡ ግን ከፍተኛ ወይም ጉልህ አስተዋፆ አይኖረውም። ምንም እንኳ ዕውቀቱ በጣም ጥሩ ቢሆንም የሚፈለገውን ግብ አያስይዝም።

ስለዚህ ማተኮር የሚያስፈልገው ትክክለኛና አስፈላጊ ዕውቀት ማግኘት ላይ ሲሆን ለውጥ ሊያመጣ የሚችለውን መለየት ላይ ትኩርት መስጠት ያስፈልጋል። ከዚያ ደረጃ በደረጃ በማያቋርጥ ጥረት ዕያደገ መሄድ ይችላል፤ ነገርግን የሁሉን ጥረት ይጠይቃል።

ለውጥ ሊያመጡ የሚችሉ ሀብትንና
የዕድገት ሂደቶችን መረዳት
የሥራውን ከፍተኛ ድርሻ ይሸፍናል

ይህን መልካም ሀሳብ ለማስጀመር የሚከተለውን ጉዳይ እንደ መነሻነት ተወስዷል። ወዲያው እንደተወልድን የመጀምሪያ አገልግሎት ከጡት በፊት ከንፋስ ኦክስጂንን እንጠቀማለን። ስለዚህ ለፍጥረታት ወደዚህ ዓለም ሲቀላቀሉ አየር የመጀመሪያው ሀብት ነው ማለት ይቻላል።

አየር ብቻ በመኖሩ ኦክስጂን በበቂ ሁኔታ አይገኝም፤ የግድ ንፋስ ያስፈልጋል። ንፋስ ቀጥሎ በሁለተኝነት ደረጃ የምንፈልገው ሀብት ነው። ስለዚህ ንፋስ ህይወት መሆኑን ያውቃሉ? በባይነመርብ ቢፈልጉት ቀጥተኛ መልስ አያገኙም። ንፋስ ህይወት ነው። ነፋስ ከሌለ በምድር ላይ ምንም አይነት ህይወት አይኖርም ነበር።

ንፋስ ኦክስጂን፣ ምግብና ውኃ
እንድናገኝ ዋናው ከዋኝ ነው

በዚህ መልኩ በርካታ ጉዳዮችን መቃኘትና መመራመር ያስፈሊጋል። ይህ መጽሐፍ ዝግጅት ትኩረቱ ውኃ ላይ ሲሆን ሀብቱን በሚገባ

ለመጠቀም የሚታየውንና የማይታየውን የውኃ ሀብት በተቻለው መንገድ ከመሬት በላይ ያለውን በመተንተን ለማስረዳት ይሞክራል።

ካለበቂ ውኃ መኖርም ዕድገትም አይቻልም

በተለያየ መድረክ ስለ ውኃ ሲብራራ ውስጣችን ከአለው ስሜት ጋር በማገናዘብ በምንሰማው ገለፃ በጣም ደስ የሚል ስሜት ይፈጥርብናል። ምክንያቱም ውኃ ከሁሉም የሥራ ዘርፍ ጋር ከመተሳሰሩ ባሻገር በቀጥታ ከህይወት እስትንፋሳችን ጋር የተሳሰረ ውድ ሀብት በመሆኑ ምዕናባችንም በመረዳቱም ጭምር ነው።

አንድ ሰው ከሦስት ቀናት በላይ ካለውኃ መኖር አይችልም። ይህ በሆነበት ጉዳይ እኛ ለውኃ አስተዳደር ያለን ትኩረት እዚህ ግባ የሚባል ባህላዊ እሴት የለንም።

ይህንንም ማመን ይጠበቅብናል አምነን በርካታ መልካም ተግባራትን መከወንና ለውጤት መትጋት ይኖርብናል። ካለበለዚያ አይደለም በዕድገት መጓዝ በአለው ለመኖር ያስቸግራል።

ዘላቂ፣ ሁሉን አሳታፊ፣ የፀናና ጥርት ያለ ልማት በአብዛኛው የተለመደ አይደለም

ሆኖም ከየት ተጀምሮ የት መድረስ የሚለው ጉዳይ ከሀገሪቱ ዕድገት ደረጃ በመነሳት ለአብዛኛው ሰው ግልፅ ላይሆን ይችላል። ግልፅ እንዲሆን ለማድረግ ይህ የመጽሐፍ ዝግጅት የበኩሉን ይወጣል ተብሎ እንደስልት (ስትራቴጂ) ተነድፏል፤ ትግበራም ለተሞክሮ ተጀምሮበታል።

ይህ ወሳኝ ሀብት ትኩረት እንዲያገኝ የሊቁ አካባቢያዊ ቅኝት መጽሐፍት እየተዘጋጁ እንደ አንድ ስልት በመቅረብ ላይ ይገኛሉ። ሁሉም መጽሐፍት የተለያዩ ሚስጥራዊና አዳዲስ ሀሳቦች ስለያዙ በሚገባ መመርመርና ሌላ ሀሳቦችን በመጨመር ዕውቀትን በማካበት አመለካከተን በማህበረሰብ ደረጃ መግራትና ማዳበር ከሁሉም ይጠበቃል።

የአብዛኛው ማህበረሰብ አመለካከት ሲዳብር መሬት ላይ የሚተገበሩት ተግባራት ትክክለኛና ከፍተኛ ከማድረጉም በላይ ጥራት እንዲኖራቸው ያስችላል። ብሎም የአካባቢ ተፅዕኖን የተቋቋመ ልማት ማስቀጠል ዋና ተግባር ይሆናል።

የህዳሴው ግድብ ሀይቅ ከዝናብ ውኃ የተገኘ ነው

የህዳሴው ታላቁ የሀገራችን ግድብ ትልቅ ሀይቅ የፈጠረ ሲሆን ዓባይ ወንዝ ላይ ቢገነባም የውኃ ምንጩ ዝናብ ነው። በሀገራችን አንፀባራቂ ለውጥ ለማምጣት ከተፈለገ በሰፊው የዝናብ ውኃ አስተዳደር ላይ ማተኮርና የተለያዩ ተደራሽ ተግባራትን በመንደፍ መተግበር ያስፈልጋል። በዝናብ ውኃ አማካኝነት በርካታ ሀይቆችን፣ ወንዞችን፣ ምንጮችንና ረግረጋማ መሬቶችን በመፍጠር የውኃ አገልገሎቱን ከፍተኛ ደረጃ ማድረስ ይቻላል።

ሆኖም ግን በአየር ንብረት ለውጥ እና በውኃ እጥረት ጉዳይ ሚና ለመጫወት የሚረዱ ምርጥ ቴክኖሎጂዎችን ለመምረጥ በመጀመሪያ የተፈጥሮን ሂደት መረዳት በጣም አስፈላጊ ነው። የተፈጥሮን እውነታ ሳይረዱ፣ ምን ማድረግ እንደሚገባ ወይም መደበኛ

እንቅስቃሴዎች ትክክል ወይም ስህተት መሆናቸውን ለመገምገም በጣም አስቸጋሪ ነው።

በሌላ አነጋገር፣ ተፈጥሮን ሳይረዱ የተፈጥሮ ሂደት መስፈርቶችን የሚያሟላ ተስማሚ የዕድገት ዘዴዎችን ለመለየት አስቸጋሪ ያደርገዋል ማለት ነው።

ሀገራችን ከተፈጥሮ ሀብቶቿ መካከል የዝናብ ውኃን አርሶ አድሩና አርብቶ አደሩ በሁሉም አካባቢ የሚገለገሉበት ከፍተኛ መጠን ያለው የሀገር ሀብት ነው። ሆኖም ይህ የዝናብ ውኃ ሀብት ለከፍተኛ ብክነት መዳረጉ ሳይቀር ሌላ ሀብት በዘነበ ቁጥር በመጉዳትና በማባከን ላይ ይገኛል።

የዝናብ ውኃ ሀብት መጠቀም ከተቻለ አይደለም ድህነትን ለመቅረፍ ቀርቶ ለሌላ ሀገር ዕርዳታ ለማድረግ ያስችላል

ሆኖም ሀብቱን በሚገባ ለመጠቀም የማያስችል የተደበቀ እውነታ አለ። ለዚህም ነው ጥርት ያለ፣ ኑሮ የተመጣጠነና ሁሉንም የሚያስደስት አካባቢ በአብዛኛው ቦታ መመሥረት ያልተቻለው። ለምሳሌ የሚከተሉትን መጥቀስ ይቻላል፡-

- ከፍተኛ የዝናብ ውኃ የሚያገኙ አካባቢዎችን ብቻ እንኳን ብንወስድ፡- ለንፁህ መጠጥ ውኃ እጥረት፣ ለድርቅ ብሎም ለርሃብና ዕርዛት እየተጋለጡ መሆናቸው፣
- ቁጥራቸው ትንሽ ቢሆንም የተፈጥሮም ሆነ ሰው ሰራሽ የውኃ ማሰባሰቢያዎች ለደለልና አላስፈለጊ ተክሎች ወረራ መጋለጣቸው፣

- በርካታ የውኃ ምንጮችና ወንዞች በበጋ ወራት የውኃ መጠናቸው መቀነስና መድረቅ እያሳዩ መምጣታቸው፣
- በዝናብ ወቅት ለአራት አምስት ቀናት ዝናብ ሲቋረጥ የዕርሻ ማሳው ሰብል መድረቅ (ነገር ግን የጓሮ ማሳን አያሳስበውም)፣
- ለመጠጥ ውኃ ጉድጓድ ቁፋሮ ከጊዜ ወደ ጊዜ ውኃ ለማውጣት ጥልቀትን መጨመር ግዴታ መሆኑና፣
- በበርካታ አካባቢ የመጠጥ ውኃ አጋልግሎቶች የውኃ ምንጮቻቸው እየደረቀ መሄድ።

እነዚህ በዋናነት ሲጠቀሱ ሌሎች ያልተጠቀሱ ተጨማሪ ተግዳሮቶች ሊያካትት ይችላል።

የዚህና ቀጣይ መጽሐፍት ዝግጅት በዚህ ከፍተኛ ሀብት ዙሪያ አንድ በአንድ የተደበቁ እውነታዎችን ለመግለፅ እና በሚገባ ሀብቱን ለመጠቀም የሚያስችል ስልቶችን (ስትራቴጂዎችን) ለመንደፍ ይሞክራል። የተቻለውን ያህል የውኃ መጠን ሁሌም መኖሩ ልማትን እና አጠቃላይ የማህበረሰብ ለውጥን እንደሚያሳድግ ከአደጉ ሀገሮች ካላቸው የውኃ አስተዳደር ትኩረት ጋር በማገናዘብ በቁም ነገር መረዳት አለብን። ምክንያቱም፡-

በውኃ ዕጥረት ልማትን

ማስቀጠልና ማስፋፋት አይቻልም

ችግሩን በዘላቂነት ለመቅረፍ በዋናነት የሚከተሉትን መጀመሪያ መረዳት ያስፈልጋል፡

- የውኃ ሀብትን በሚገባ ለማስተዳደርና ለከፍተኛ አገልግሎት ለማዋል የሁሉንም ማህበረሰብ **ትብብር** ይጠይቃል ስለዚህ ከአፈጣጠሩ አኳያ ዘላቂ አካባቢን ለመፍጠር፡ ተፈጥሮ የማህበረሰቡን አንድነትና በጋራ መሥራትን ትፈልጋለች፣
- ሁሉም እንዲተባበር ለማድረግ በውኃ ሀብት የማህበረሰቡን **ዕውቀት** መገንባት ያስፈልጋል፣
- ለአብዛኛው አካባቢ የሚያገለግሉ **መርሆዎች** ከማህበረሰቡ ጋር መንደፍ የግድ ይላል፣
- ማህበረሰቡ ዕውቀቱን አዳብሮ በማንኛውም የልማት ሥራ መርሆዎችን **መከተልና መተግበር** ይጠበቅበታል፣

ይህ ከሆነ የማህበረሰቡን ፍላጎት አሟልቶ በርካታ ለምለም መሬትን፣ ምንጮችን፣ ወንዞችንና ሀይቆችን መፍጠር ይቻላል።

ከላይ ከህዳሴው የውኃ ክምችት እንደተረዳነው ሀገራችን በዝናብ መልክ የምታገኘው የውኃ ሀብት በጣም ከፍተኛ ነው። ሆኖም ይህን ሀብት በሚገባ ለመጠቀም በጣም ብዙ ጥረት ይጠይቃል።

በረከት ያለበት አካባቢን ለመፍጠር

የሁሉን ርብርብ ይጠይቃል

ከዋናና ከመጀመሪያው ጉዳዮች ጋር ለማህበረሰቡ የዚህን ሀብት ሁኔታ በሚገባ ማስገንዘብና ማስረፅ ያስፈልጋል። ይህን ለማሳካት እንደስልት የልጆችን መጽሐፍት ለትምህርት ቤቶች ማድርስና በሙከራ የውኃ አስተዳደር ትግበራ ሥራ ለማህበረሰቡ እያዘጋጁ ማሳየት ይጠይቃል።

የዝናብ ውኃ

እየባከነና ሌላ ሀብት እያባከነ ያለ ውድና አስፈላጊ የሀገር ሀብት ነው

ከፍተኛ ሀብት ይዘን ለጥ ብለን ስለተኛን መቀሳቀስ ያስፈልገናል። በመንግስት በኩል የሚሰሩ በተለያየ ወቅት እንደ ፕሮግራም የሚቀርቡት በውጤታቸው በአብዛኛው የተዋጣላቸው አይደሉም። ለምሳሌ ከቅርብ ጊዜ ጀምሮ የሚከተሉትን መጥቀስ ይቻላል። ዝናብ ማዝነብ፣ የስንዴ ኤክስፖርት፣ የአረንጓዴው ለጋሲ፣ የእርከን ሥራ፣ ውኃ ማቆር፣ የአፈር ማዳበሪያ፣ መስኖ በመጠቀም ከዝናብ ጥገኝነት መላቀቅ፣ እና በግብርና ሚኒስቴር የሚቀርቡ ሌሎች በርካታ ፕሮግራሞችን መጥቀስ ይቻላል። የተዘረዘሩት ሁሉ በንድፍ የሚተገበሩ ሳይሆን በዘመቻ የሚከናወኑ ተግባራት ናቸው። የዘመቻ ሥራ ዘላቂ ዕድገት ማስመዝገብ አይችልም። ያዝ ለቀቅ ለአካባቢያችን የሚመች ምክር አይደለም። ሁሉም ማለት ይቻላል በሀገር ላይ የተካሄዱና የሚካሄዱ ኪሳራ ናቸው ምክንያቱም ቢያንስ እስካሁን የኑሮ ውድነትን በአብዛኛው ማህበረሰብ ደረጃ ሊቀርፉ አልቻሉምና።

ልማት ከተባለ ለውጥ ማህበረሰብ ደረጃ የግድ መታየት አለበት

ከላይ የተሞከሩት ሁሉም ባለመሳካታቸው ሀገሪቱ እስካሁን ከተረጅነት ልትወጣ አልቻለችም። ይህ በእንዲህ እያለ የምግብና አልባሳት ዕርዳታ ሁሌም ለማህበረሰቡ ቢደረግም ዕድገት ወይም ዘላቂ ለውጥ አያስዝም። ለዘላቂ ለውጥ የጠፋውን የዕድገት መንገድ

መፈለግ ያስፈልጋል። ካለበለዚያ አሁን ከሚሰማው የበለጠ ውስብስብ ችግሮች ተጋላጭ መሆን አይቀሬ ያደርገዋል። እስካሁን የነበሩ መንግሥታት ይህን ችግር መፍታት አልቻሉም። ባለምቻላቸውም ማህበረሰቡን ፀጥ ለማድረግ ወታደራዊ አስተዳደርን ይመርጣሉ። በዚህም ምክንያት አገዛዛቸውን ለማርዘም የተለያዩ ከፍተቶችን በማፈለለግና በመፍጠር ለግጭት እየዳረጉ ይገኛሉ። ይሄም ትልቅ ውድመት እያስከተለ ይገኛል።

በአጠቃላይ ፖለቲከኞች የሀገራችን መሠረታዊ ሀብትና አስተዳደሩን ባለመረዳታቸው የማህበረሰቡን ችግር ፈትቶ ለማሳደግ የሚያስችል የጋራ የሚስማሙባቸው አቋም እና መርሆዎችን ቀርፀው ሊያሳዩ አልቻሉም። ይህም እያስጨነቃቸው ይገኛል።

ሀገራችን ለማሳደግ ምን ማድረግ ይጠበቅብናል?

እርስዎ ምን ያስባሉ?

ሁሉም በየአቅጣጫው በገባው መሠረት የሚለው ወይም የሞከረው ይኖረዋል። ጥያቄው ግን:-

- በትክክለኛው አቅጣጫ ነውን?
- ሀብት በዘላቂነት ማካበት ያስችላልን?
- በዋና ዋና ሀብት ላይ ያጠነጠነ ነውን?
- አብዛኛውን ማህበረሰብ ያሳትፋልን?
- የማይታየውን የሚባክን ዕምቅ ሀብት መረዳት ያስችላልን?
- ለትክክለኛው ዕድገት መሠረት ያስይዛልን?

በጣም ብዙ ጥያቄዎችን ማንሳት ይቻላል

አብዛኛው የልማት እንቅስቃሴዎች የፕሮጀክት መንፈስ ይዘው የቀረቡ ሲሆን ፕሮጀክቱ ጊዜው ሲያበቃ የጀመሩት ራዕይ ይከስማል። ይህ ማለት ከላይ የተዘረዘሩ ጥያቄዎችን ቢያንስ አሟልተው ዘላቂ ዘዴ ማህበረሰቡን ያሳተፈ ስለሌላቸው ወይም ስላልተከተሉ በሌላ አባባል መሠረታዊ የአሠራር ሥርዓት መዘርጋት ስላልቻሉ ነው ማለት ይቻላል።

በአጠቃላይ ሀገራችን በተፈጥሮ ሀብት የታደለች ቢሆንም የዕድገት መንገድ ባለመገኘቱ ማህበረሰቡ ከመጠቀም ይልቅ ለከፍተኛ የኑሮ ውድነት፣ ለርሀብ፣ ለዕርዛት፣ ለዕርስ-በዕርስ ግጭትና ለጤና ችግር እየተጋለጠ ይገኛል። ይህን ለመቀየር አልተቻለም፤ ሌላው ምክንያት የሀገራችን ሥርዓተ - ትምህርት በሀገራችን ነባራዊ ይዘትና ተፈጥሮ ሀብት መሠረት አለመቀረፁ እና ችግርፈቺ ባለመሆኑ፤ አንዱ ዋና እንከን ያደርገዋል።

የሥርዓተ – ትምህርቱ ውድቀት ዋና መገለጫውም ሀገሪቱን የቱሪስት መዳረሻ ማድረግ ይቅርና ቢያንስ የኑሮ ውድነትን መቅረፍና ለተመራቂ ተማሪዎች የሚበቃ የሥራ ዕድል ማቅረብ ወይም የሥራ ፈጠራ አቅም እንዲኖራቸው አለማስቻሉን በትንሹ መጥቀስ ይቻላል።

ችግርን መቅረፍ ይቻላል ዝም ብለን ግን ለውጥ መጠበቅ የለብንም

ለዕውቀት ክብርና ከፍተኛውን ትኩረት እንስጥ። ሆኖም በቂ አይሆንም፤ ትክክለኛውን ተግባር ለማከናወን የራሳችን አስፈላጊ

ዕውቀት በተለያየ ዘርፍ መለየትና የበለጠ በማዳበር በየጊዜው በሂደት ውስጥ እያሻሻሉ ማስኬድ ይጠበቅብናል።

የራሳችን ዕውቀት ለዘላቂ ዕድገት

ሁሌም ከሆነ ነገር ላይ መጀመር የግድ ነው ሆኖም የሚጀመረውን አዲስ ሀሳብ በየጊዜው ማሻሻል ያስፈልጋል። በመላው ዓለም የዕውቀት ውጤት የሆኑት ሁሉም ቴክኖሎጂዎች እየተሻሻሉ የመጡና የሚቀጥሉ መሆናቸውን መገንዘብ ያስፈልጋል። ለምሳሌ፡ የዱሮውና ያሁኑ ልዩነት በአውሮፕላን፣ በስልክና በመኪና ለማገናዘብ መጥቀስ ይቻላል፤ በየጊዜው እየተሻሻሉ የመጡና የሚቀጥሉ ናቸው። ስለዚህ የሚጀመረውን ሥራ በትጋት እና በማሻሻል ጠንክሮ መያዝ ይጠበቃል።

መሻሻል

በእኛው ለእኛው

እነዚህ መጽሐፍት በሀገር ቤት በተለይ ትምህርት ቤት ላይ ሊኖራቸው የሚችለውን ጠቀሜታ ሊመረምሩት ይገባል። የተወሰኑ መጽሐፍትን ለሙከራ በአንድ ወረዳ ትምህርት ቤት አቅርበን እያገለገሉ የሚገኝ ሲሆን ተማሪዎች ከፍተኛ ዕርካታ ከማግኘታቸው በላይ መምህራን ከፍተኛ መነሳሳት እያሳዩ ይገኛሉ።

መጽሐፎች እግረመንገዳቸውን እንግሊዘኛ ቋንቋን ተማሪዎች በትርጉም እንዲረዱና እንዲለማመዱ ከማስቻላቸውም በላይ

በዋናነት ስለ ዋናው ሀብት ማለትም የዝናብ ውኃ ዕውቀትን ለአዲሱ ትውልድ ያበስራሉ።

ለዚህ ወሳኝ ስልት (ስትራቴጂ) እርስዎም በሚችሉት መንገድ የበኩሉዎን አስተዋፀዖ እንዲያደርጉ ጥሪ ቀርቦሎታል።

ለሚያደርጉት ያላሰለሰ ጥረት ሁሉ ሁሌም ለምንመኘው የህሌና ዕርካታ ያለው አስተዋፅዖ እንዳለ ሆኖ ከፍተኛ ምስጋና ማቅረብ እንወዳለን።

ገበያ የሞላው በዝናብ ውኃ ሀብት በተመረተ ምርት ነው

ከዘጠና በመቶው በላይ የሆነው የማህበረሰብ አካል ማለትም አርሶና አርብቶ አደሮች የዝናብ ውኃ ሀብትን በመጠቀም በባህላዊ አሠራር ምርት የሚያመርቱት። የሀገሪቱ ኢኮኖሚ በዚህ የዝናብ ምርት ላይ የተመረኮዘ ነው። ሆኖም የሚሸፍነውን የመሬት ስፋትና የዝናብ ውኃ መጠን መገመት ለእናንተ የሚተው ጉዳይ ነው።

ይህን ወሳኝ ሀብት ልጆች እንዲረዱት በመጽሐፎች ውስጥ ተገልጿል። በማህበረሰብ ደረጃ የበለጠ ዝናብን ለመጠቀም ለማስቻል ይህ መጽሐፍ በምክር አገልግሎት በመታገዝ የበኩሉን ድርሻ ይወጣል።

ሁሉም ወንዞች የዝናብ ውጤት ናቸው

ከዚህ በተጨማሪ በርካታ ወንዞችን ዓባይን ጨምሮ ሀገራችን ለሌሎች ሀገሮች ታበረክታለች። ከፍተኛ ሀብት የተኛንበት፣ ያልነቃንበት፣ እና ያልተጠቀምንበት አለን ማልት ይህ ነው።

ከዋናው ሀብታችን

ከዝናብ ጥገኘነት

መላቀቅ አንችልም

እዚህ ላይ መሥራት ካልቻልን ትክክለኛውን ለውጥ ማግኘት አንችልም። ከፍተኛ ቁጥር ያለው ባለሙያ በዚህ ጉዳይ ካልተሠማራ ግራ መጋባቱ፣ ሥራ አጥነቱ፣ የማይጠቅም ጉዳይ ላይ መባዘንና የውሸት ሪፖርት መቅረቡ የሚቀጥል ይሆናል። ለዚህም አዕምሮ የማይጠቅም ነገር ማግበስበሱን አቁሞ ፍሬ ነገሮች ላይ እንዲያጠነጥን የሁሉም ጥረት መሆን ይገባዋል።

ሌላው ሀብታችን የሰው ሀይል ሲሆን በተለይ ትውልድ ግንባታ፤ ተማሪዎች ላይ በዋናውና መሠረታዊ ሀብቶቻችን በሆኑት ላይ ዕውቀትን ይዘው እየተገነቡ ባለመሆኑ ሥራ ፈጣሪ ትውልድ በአብዛኛው ሊኖረን አልቻለም።

በተቃራኒው ለዓለም የዕውቀት ባንክ የሚያበረክት የተማረ ሀይል በአንፃራዊነቱ በከፍተኛ ቁጥር ሊኖር ችሏል።

በትክክለኛው ዕውቀት ከተገነባ
ሥራ ፈጣሪ ትውልድ ይፈጠራል

ፕሮፌሰሮች፣ ዶክተሮች፣ ከፍተኛ ባለሙያዎች እንዲሁም ዩኒቨርስቲዎች በሠሯቸው ሥራዎች በዓለም ዕውቅና ሲኖራቸው በአርሶ አደሩ ደረጃ ግን ግልፅና የሚስፋፋ ስልት እስካሁን የሠሩት ወይም የመሠረቱት አልተገኘም። ቢገኝም ወጥ የሆነ ለውጥ አላሳየም፤ መገለጫውም አብዛኛው አርሶ አደር በባህላዊ ዘዴ ግብርናውን እንደቀጠለ ነው እስካሁን ድረስ ያለው።

ባለሙያው መሬት የያዘ

ግልፅ አስተዋፆ ይጠበቅበታል

ይህን ለመታገል ለሚፍጨረጨሩ ግለሰቦች በግልፅ የሚጋብዝ አካል የለም ማለት ይቻላል። በትንሹ እንኳን በአብዛኛው ጥያቄ በመጠየቅ ወይም አስተያየት በማቅረብ መርዳትና ቀጥሎም የተሰሩትን ሥራዎች የማድነቅና የማበረታታት ሥልት በሁሉም ዘርፍ የተለመደ አይደለም። ይህ ሲባል በርካታ ጥረቶች የሉም ማለት አይደለም ሆኖም ሥር-ነቀል ለውጥ ለማምጣት በትክክለኛው መንገድ ውስጥ ግን አይደሉም። ስለዚህ ይህን ወሳኝ በር ለመክፈት የሁሉም ጉዳይ ሊሆን ይገባዋል።

ከዘመቻና ያዝ ለቀቅ

ልምድ መላቀቅ ያስፈልጋል

ያዝ ለቀቅ ባለማድረጋቸው ሆላንዶች ከመቶ ዓመት በላይ ሊሆን ይችላል ስለ ውኃ የሚያጠነጥኑት፤ ከብዙ ጊዜ ጥረት በኋላ ውጤታማ በመሆናቸው ሠርተው ከመጠቃማቸው በላይ በርካታ የውጭ ሀገር ተማሪዎችን እያስለጠኑ ተጨማሪ ገቢ ያገኙበታል።

በዚሁ ምሳሌ መሠረት ጥረቶችን ዳር በማድረስ ህዝቡን በተለያየ መንገድ ተጠቃሚ ለማድረግ የሚከተሉትን ቢያንስ መከተል ያስፈልጋል፡-

1. በተለያዩ ዘርፎች ትክክለኛውን የዕድገት መንገድ እስከ ዕራይና ተልዕኮ መመራመርና ማግኘት ያስፈልጋል፣
2. በግርድፍ ሥራ ነው ሁሉም ነገር የሚጀመር ስለዚህ ካለሥጋት መጀመር፣ የተጀመሩትን ማበረታታት፣ ተስፋ አለመቁረጥ ግን ሁሌም ማሻሻል ይጠበቃል፣ ለዚህም አስተያየት በማስተናገድ ዋና የለውጥ ስልት (ስትራቴጂ) ማድረግ፤
3. የሀገር ሀብት ለማስተዳደር በሳይንሳዊ ንድፍ ማስኬድ ያስፈልጋል፤ ምክንያቱም የማይታይና የማይዳሰስ ሀብትን ያካብታል፣
4. ብዙ ሰው ባይቀበለውም ተስፋ አለመቁረጥ፤ ግንዛቤ እስኪፈጠር ድረስ መትጋት ያስፈልጋል፤ በአሜሪካም አዳዲስ ሀሳብ ያላቸው ሰዎች መንግስት አልቀበል ሲል የልጆችን መጽሐፍ በመፃፍ ዳር ያደርሱታል፣
5. ስለ ጉዳዩ በተለየ መንግድ መግለፅና አዲስ ነገር ማብሰር ሁሌም ያስፈልጋል፣
6. የዕድገት ሚስጢሩ ሲገለፅ ለሌሎች አፍሪካ ሀገራትን ለማሰልጠን እንዲያገለግል ማስቻል ተጨማሪ ጥቅም ይኖረዋል፣
7. ቀለል ባለ መልኩ ማቅረብ በጣም ጥሩ ነው፤ ማህበረሰቡ የማይታየውን የሀብት ምንጭና ብክነት በቀላሉ ከተርዳው ወደ ለውጥ የሚያደርገው ጉዞ ፈጣን ያደርገዋል፣
8. ብዙ የሥራ ዕድል ሀብትን በሚያካብት መልኩ መቀመርና መፍጠር ያስፈልጋል።

ቢያንስ እነዚህን ከተከተሉ በእርግጠኝነት አካባቢ ላይ ለውጥ ማምጣት ይቻላል። ነገር ግን ትክክለኛውን መንገድ ፈልጎ ማግኘትና ሁሉም ማህበረሰብ እንዲከተል ማስቻል ቀላል አይደለም።

ለሀገር ዕድገት የገዳማት ሚስጥሮች ያስፈልጋሉ

በመጽሐፎች ይዘትና መረጃ መሠረት የሀገራችን ገዳማት ከፍተኛ ልንማርባቸው የሚችሉ ሚስጥሮች በውስጣቸው የያዙ መሆናቸው ተገምቷል። የዚህ የሀይማኖት ሥርዓት አካባቢያዊ አያያዝ በሁሉም አካባቢ ቢተገበር የውኃ ሀብታችን ለከፍተኛ ጥቅም ማብቃት ያስችላል። በተቻለ መጠን በቀጣይ መጽሐፍት ቀሪ ሚስጢሮች ይተነተናሉ። በዕርግጠኝነት ማህበረሰቡ ወደፊት ሊከተሏቸው የሚፈለጉ መርሆዎችን አብዛኛውን ገዳማት በተግባር እየተከተሏቸው ይገኛል። መርሆዎችን ለመከተል አሁን ጊዜው የግድ ይጋብዛል፦

ህሌናችን የሚያረካ

ነገር መሥራት አለብን

ሁሌም በትንሹ መጀመርና ቀስ በቀስ ማስፋት ለዚህም የሚያዘልቅ ስልት (ስትረቴጂ) መከተል ያስፈልጋል። እንቁላል ቀስ በቀስ በዕግሩ ይሄዳል ቢባልም ካለሂደት ወይም ካለጥረት ሊሆን አይችልም።

ሁሉም ሰው ለአካባቢ ጥገኛ ነው። ይህ ሆኖ ሳለ ከያንዳንዱ ሰው ምን ይጠበቃል ከአካባቢ የተሻለ አገልግሎት ለማግኘት ብሎ

የሚንቀሳቀስ የተውሰነ አካል ቢኖርም ስልትና ዕውቀት የተሟላ ግን አይደለም። ለዚህም ነው የተለያዩ የልማት ጥረቶች ቢደርጉም የማህበረሰቡን የኑሮ ደረጃ እስካሁን ድረስ ማሻሻል ያልተቻለው።

በእርግጠኝነት ይህን መጽሐፍ አንብበው ሲጨርሱ የነበርዎ አመለካከት ይቀይራል ተብሎ ተስፋ ተጥሏል። ውጤቱም የምናየው በሚያደርጉት እንቅስቃሴ ስለሆነ መነሻ ከሆነዎት ይህን መጽሐፍ በሚያደርጉት ነገር ሁሉ ይጥቀሱልን እያልን ከውዲሁ ከምስጋና ጋር ማሳሰብ እንወዳለን።

ለዚህ ጥረት ልብ ማለት የሚገባን ጉዳይ እስካሁን የነበሩ መንግሥታት ድህነትን ለመቅረፍ የሚያስችል ስትራቴጂና ፖሊሲ ቀርፀው ወደ ትግባራ መግባት አልቻሉም። በዚህ መጽሐፍ እንደተገለፀው የሀገሪቱን ዋና ዋና መሠረታዊ ሀብት የለዩ አይመስለኝም ምክንያቱም በድፍኑ ሀገራችን ዕምቅ የተፈጥሮ ሀብት አላት በማለት ሲገልፁ አንዳንድ ጊዜም ለመተንተን ሲሞክሩ ውኃ፣ መሬትና የሰው ጉልበት አለን ይላሉ። ***ይህ መጽሐፍ ከመታተሙ በፊት ስለመሠረታዊ ሀብት የተዘረዘረ ካለ በማስረጃ መቅረብ ይችላል።*** ጥያቄው የተፈጥሮ ሀብትን ተጠቅሞ ድህነትን ለማስወገድ በባህላዊ ከሚገኘው በላይ ሀብት እንዴት መፈጠር ይችላል? የሚለው ነው።

መንግሥታት መሠረታዊ ሀብትን ማስተዳደር ላይ ቢያጠነጥኑ በርካታ የሥራ ዕድል መፍጠር ስለሚችሉ አገዛዛቸው መቀጠል ይችል ነበር። ድህነትን ማጥፋት ወይም መቀነስ ስላልቻሉ አዕምሯቸው ስለሚጨነቅ ጦርነትን መደበቂያ ማድረግ ይመርጣሉ።

2. ትኩረት ለዕውቀት

ማሳሰቢያ

ለለውጥ ወይም ለዕድገት አዲስ አስተሳሰብ የግድ ያስፈልጋል። ምክንያቱም ነባሩ አሰራር አዲሱን ተጨማሪ ፍላጎት ማሟላት ስለማይችል። ስለዚህ አዲስ ሀሳብ መንደፍ ያስፈልጋል። አዲስ ሀሳብ ሲቀርብ አዲስ ከመሆኑ አንፃር የሚገለፀው ነገር በአብዛኛው በምንጠብቀው መንገድ ላይሆን ይችላል፤ ስለዚህ ደጋግሞ በማንበብ፣ በመመራመርና ለተጨማሪ ውይይት በመጠቀም አዳዲስ አስተሳሰብ ለውጥ ላይ ለመድረስ ጥረት ማድረግ ያስፈልጋል። የዚህ ሂደት ዓላማው ትውልድን ሀገር በሚጠቅም ዕውቀት በመገንባት ብሎም ሞዴል በማድረግ የማህበረሰቡን የኑሮ ደርጃ ለመለወጥ ሲሆን፤ በውይይት፣ በጥናትና በምርምር ሁሌም የሚዳብር መሆን አለበት።

አዕምሮ የዕውቀት ምግብ ይፈለጋል

በመግቢያ እንደተገለፀው በሀገራችን በርካታ የልማት ሥራዎች እስካሁን ቢተገበሩም በዘላቂ ሂደትና ውጤት የታጀቡ ባለመሆናቸው በአብዛኛው በማህበረሰብ ደርጃ የጎላና መሠረታዊ ለውጥ ሊያመጡ አልቻሉም። ሌሎች የሠለጠኑ ሀገራት ግን ይህን ጉዳይ ሊያረጋግጡ ችለዋል።

እነዚሁ የአደጉ ሀገራት **ለዕውቀት ትኩረት በመስጠታቸው** ኑሯቸውን ከማዘመናቸውም በላይ ከራሳቸው አልፈው ሌሎች ሀገራትን በመርዳት ላይ ይገኛሉ። ብሎም በጠፈር ከፍተኛ ምርምር በማድረግ ለዓለም ጠቃሚ ሀብትና መልካም አጋጣሚዎችን በማጥናት ላይ ይገኛሉ።

በዕውቀት መመራት የተደበቁ ጠቃሚ ነገሮችን እንድንጠቀምበት ያደርጋል

ወደ እኛ ስንመጣ **በተጠናከረ መልኩ ለዕውቀት ትኩረት ባለመስጠታችን** አይደለም የሩቁን ቀርቶ በቅርብ የሚገኘውን ዕምቅ የተፈጥሮ ሀብት በሚገባ ባለመጠቀማችን በዋናነት ለሚከተሉት ችግሮች ልንጋለጥ ችለናል።

- የህክምና፣ የመጓጓዣ፣ የፍትህና የሌሎች አገልግሎቶች እጥረት፣
- የውኃ፣ የአልባሳት፣ የግንባታ፣ የማገዶና የመሳሰሉት እጥረት፣ በዚህ ምክንያት የዋጋ ግሽበትና የኑሮ ውድነት መከሰት፣
- የመብራት መቆራረጥና ሽፋኑም ውስን መሆን፣
- የደን መጨፍጨፍ፣ የመሬት መሸርሸርና መራቆት፣
- የድርቅ ክስተትና የወንዞች መንጠፍ፣
- ከቦታ ቦታ የዝናብ ስርጭት መዛባት፣ አረም፣ ደለልና ጎርፍ መከሰት፣
- ብሎም የእህል፣ የወተት፣ የሥጋ፣ የእንቁላል፣ የአትክልት፣ የፍራፍሬ፣ የማርና የመሳሰሉት ምርት መቀነስ ችግሮችን ቢያንስ ያካትታል።

እነዚህን ችግሮች በዋናነት ለማስወገድ በዕውቀት ተመርኩዞ **የመመካከሪያ አገልግሎት** ባለመኖሩ ሥራን ከመሥራት ይልቅ በተቃራኒው እዚህ ግባ በማይባል ቅናት ጀምሮ እስከ ዕርስ በዕርስ አለመግባባት፣ መተማማት፣ ማኩረፍና መጣላት፣ ብሎም የማይፈታ ግጭት ውስጥ መግባት የየቀኑ ተግባር እንዲሆን አስችሏል።

ከሚጠበቀው በላይ ሁሉም ከፍተኛ ኪሳራ በቀጥታም ይሁን በተዘዋሪ ከሁላችን ላይ እያደረሱ ያሉ ተግዳሮቶች ናቸው። ተመካክሮ፣ ተባብሮና ተመራምሮ በርካታ ጠቀሜታ ያላቸውን ተግባራት በጥራት እንድንሰራ አላስቻለንም። ሙያዊ ንግግር፣ ውይይትና መግባባት ተሸርሽሯል። ከዚህ **ቀለበት** ውስጥ ለመውጣትና በንፁህ ሕሌና ዕውቀትን ለመገንባት የሁላችንም ጥረት ይጠይቃል።

ምክንያቱም ተፈጥሮ መልካም ነገር አበርክታልን እኛ ግን በዕውቀት ማነስ እና ያወቅን መስሎን አዕምሯችን በማይጠቅም ግሳንግስ ተሞልቶ፤ ዕምቅ ሀብቱን ሙሉ በሙሉ ልንጠቀምባቸው አልቻልንም፤ ከዚህም በላይ ባለመጠቀማችን ለበለጠ ችግሮች ዳርጎናል። በርካታ ጋዜጠኞች፣ ደራሲያንና አርቲስቶች በዚህ ዙሪያ በተለያየ መንገድ ቢያሳውቁም ሰሚ አጥተዋል።

በሚገባ ተፈጥሮ ሀብትን መጠቀም ከተጀመረ ከላይ የተዘረዘሩትን አብዛኛው እንከኖችን ይቀርፍልናል።

ውኃ ሀብትን በሚገባ ለመጠቀም ሁሉን አቀፍ ዕድገት ይፈልጋል ስለዚህ ዋና የተፈጥሮ ሀብትን መለየትና ማልማት ዋና ብቸኛ መንገድ ነው። ለተፈጥሮ ሀብት ጥገኛ ስንሆን ሀብቱን በሚገባ ለመጠቀም በትክክል ማስተዳደር ይጠይቃል።

ፈጣሪ ከለገሰን ከዕምቅ **የተፈጥሮ ሀብቶቻችን** መካከል ዋና ዋናዎች የሚከተሉትን ያካትታል፡-

- አዕምሮ፣**
- የሰው ጉልበት፣**
- ጊዜ፣**
- የፀሀይ ሀይል፣**
- በፀሀይ፣ በጨረቃና በሌሎች ፕላኔቶች የሚፈጠር የሥበት ሀይል እና ሀይልን ለማጣጣም የሚጠበቅ እርቀት፣
- ከባቢ አየር (ቅዝቃዜ፣ ኦክስጂንና ሊሎች ነንጥረ-ነገሮች)፣
- የዝናብ ውኃ፣**
- መሬት፣
    - የመሬት ስበት፣
    - የየብስና የውኃ አካል፣**
    - አፈር፣**
    - ድንጋይ፣*
    - አሸዋ፣*
    - ንጥረ-ነገሮች፣*
    - የመሬት መሽከርከርና
    - ማዕድን ናቸው።*

ሌሎች ሀብቶች በነዚህ አማካኝነት የተፈጠሩ ወይም የሚኖሩ ናቸው፡፡ ለምሳሌ

- ንፋስ ህይወት ነው ሆኖም የሚፈጠረው በመሬት ስበት፣ በከባቢ አየር ቅዝቃዜነትና በፀሀይ ሙቀት አማካኝነት ነው፡፡
- እሳት ሀብት ቢሆንም በሌሎች አማካኝነት የሚፈጠር ነው፡፡
- መንገድና ህንፃም የሚገነባው ከላይ በተዘረዘሩት ሀብቶች አማካኝነት ነው፡፡
- ህይወት ያላቸው ነገሮች መኖር የሚችሉት በተዘረዘሩት ሀብት አማካኝነት ነው፡፡

ሰው እንደእንስሳት የሚኖር ቢሆንም እንደሌሎች ተጠቃሚ ብቻ ሳይሆን በአስተሳሰቡ አካባቢን በመቀየር አቅሙ ተጨማሪ አጥፊነት ወይም ሀብትነት አለው፡፡

ስለዚህ አዕምሮና የሰው ጉልበት እንደ ተፈጥሮ ሀብትነት ሊካተት ችሏል፡፡ በተመሳሳይ መልኩ በተለያዩ ህይወት ባላቸው ነገሮች ብዛትና አደገኛነት እንደ አጥፊነት ሊመጡ ስለሚችሉ በጥናት ቅደም ተከተል መከላከል ያስፈልጋል፡፡

በዓለም ሙቀት መጨመር ምክንያት አብዛኛው የተዘረዘሩት ሀብቶች ከፍተኛ ጉዳት ሊያደርሱ ይችላሉ፡፡ ስለዚህ የአየር ንብረትን ለመንከባከብ ጠቃሚ ዕውቀቶችን መቅሰምና ወሳኝ ተግባራትን መተግበር ያስፈልጋል፡፡

መሠረታዊ የተፈጥሮ ሀብቶች፡-

- ጊዜ፣**
- የፀሀይ ሀይል፣**
- በፀሀይ፣ በጨረቃና በሌሎች ፕላኔቶች የሚፈጠር የሥበት ሀይል እና ሀይልን ለማጣጣም የሚጠበቅ እርቀት፣
- ከባቢ አየር (ቅዝቃዜ፣ ኦክስጂንና ሊሎች ነንጥረ-ነገሮች)፣
- የዝናብ ውኃ፣**
- መሬት፣
    - የመሬት ስበት፣
    - የየብስና የውኃ አካል፣**
    - አፈር፣**
    - ድንጋይ፣*
    - አሸዋ፣*
    - ንጥረ-ነገሮች፣*
    - የመሬት መሽከርከርና
    - ማዕድን ናቸው።*

ሲሆኑ አዕምሮና የሰው ጉልበት የተፈጥሮ ሀብት ቢሆኑም በመጀመሪያ ህይወት በመሬት ላይ ሲፈጠር ምንም ተግባር አልነበራቸውም ስለዚህ ወሳኝ እና የዳበረ ሀብት አልነበሩም። ነገርግን የሠው ልጅ ከተፈጠረ ጀምሮ እስካሁን በገባው መሠረት ተፈጥሮን ሲጠቀም መልካም ውጤት ቢኖርም ለከፍተኛ ውስብስብ ችግር ዓለምን እንድትጋለጥ አድርጓታል። ስለዚህ የሰው ልጅ

የደረሰበት አስተሳሰብ ጥሩ ነገሮች ቢኖሩም በሌላኛው በኩል በሰባዊና በተፈጥሮ ላይ ኪሳራዎችን አድርሷል እያደረሰም ይገኛል።

ከነዚህም መካከል ማህበራዊ፣ ኢኮኖሚያዊና ፖለቲካዊ ችግሮች ሲሆኑ የተውሰኑትን ለመጥቀስ የአየር ብክለት በኢንዱስትሪ፣ በፋብሪካዎች፣ በጦርነት፣ በምግብ ማብሰል አማካኝነት ሊጠቀሱ ይችላሉ፣ እንዲሁም የደን መጨፍጨፍና የአፈር መሸርሸር፣ የቆሻሻ አወጋገድ ክፍተት ወዘተ ሊጠቀሱ ይችላሉ። በቀጥታም የሰው ልጅንና የተመሠረቱ ሀብቶችን በጦርነት ያወድማል። አበው ሰርቶ ጭቃ ይላሉ!!! አይ የሰው ነገር። ምንም እንኳ በርካታ ልዩነት በአዕምሮ ምክንያት ቢፈጠርም ሁሉም ሰው ከህይወት ዘመኑ በኋላ ወደ አፈርነት በመቀየር አንድ የመሬት አካል ይሆናል።

ለተፈጥሮ መዛባት ዋና ተጠያቂው አዕምሮ ነው

አሁን ከደረስንበት የተፈጥሮ መዛባትና የዕድገት ልዩነት አኳያ በተለይ አዕምሮ የሁሉም ነገር **የጥፋት ወይም የልማት** መሠረት መሆኑን መገንዘብ የግድ ይለናል።

በትክክለኛው መንገድ ለመጓዝ ከተፈለገ የአዕምሮ ዋናው ተግባሩም ዓለምን በሚገባ መረዳትና ተፈጥሮ የምትፈልገውን መልካም ነገር ሁሉም የሰው ልጅ እንዲተገበር ማስቻል ነው። ለዚህም ትምህርት ቤቶች **በዕውቀት የታነፀ ትውልድ** ለመገንባት ዘወትር ደፋ ቀና እያሉ ይገኛሉ። አለመታደል ሆኖ ውጤቱ የተሟላ አይደለም። ለዚህም በዓለም ደረጃ ያልተፈቱ ችግሮች ስላሉ ትምህርት ቤቶችን የበለጠ ውጤታማ ማድረግ ይጠይቃል። በተለይ ችግር ፈች ትውልድ መፍጠር ያስፈልጋል።

ሀገር በሚጠቅም ዕውቀት

የታነፀ ትውልድ ያስፈልጋል

ከዚህ በመነሳት የተፈጥሮ ሀብትን ተጠቅሞ ከላይ የተዘረዘሩትን ችግሮች ለማስወገድ ተመራጭ፣ ሳይንሳዊ፣ ዋናና ብቸኛው አማራጭ **በዕውቀት** መመራት መሆኑ ወሳኝና ብቸኛ ተመራጭ ያደርገዋል።

ለዚህም ዕውቀትን በትምህርት ቤቶችና በማህበረሰቡ ውስጥ በበለጠ ማዳበርና በርካታ የሥራ ዕቅዶችን በመንደፍ ወደ ተግባር ማስገባት ያስፈልጋል።

ይህን ዳር ለማድረስ ለዕውቀት ትኩርት መስጠት የሁላችን ቀዳሚ ተግባር በማድረግ ሁልጊዜም ዕውቀታችን ለማዳበርና ትውልድን ለመገንባት መጣር ከሁላችን ይጠበቃል። የተለያዩ ተቋማት ለዚህ ትኩረት በመስጠት የመወያያ መድረኮችን በመክፈት ዘርፍ በዘርፍ እስከ መፍትሄው መሥራት ይጠበቅባቸዋል። ለዚህም ፈጣሪ እንዲያግዘን የዘወትር ፀሎታችን ሊሆን ይገባዋል።

ዝም ከተባለ ዝም ነው። ለመለውጥ ከታሰበ አዲስ አሠራርን መንደፍ ይጠይቃል።

ሁሌም በነባሩ አሠራር እየሠሩ

ለውጥ መጠበቅ የለብንም

አዲስ ዕቅድ ለማቀድ **በዕውቀት ላይ ሲመሠረት** ታማኝ፣ ፈጣንና ዘላቂ ያደርገዋል። መቼም መለወጥ ከተፈለገ ከሆነ ቦታና ጉዳይ ላይ ዝምታውን ሰብሮ መጀመር አለበት።

ሲጀመር ለምሳሌ አንድ ወረዳን ወይም አንድ ቀበሌን ወስዶ የሚመጣውን ችግር ተቋቁሞ ያለውን ሀብት በሚገባ እንዲያስተዳድር በማህበረሰብ ደረጃ ማስቻል ቀዳሚ ተግባር ማድረግ ይጠይቃል።

ለዚህ ለተቀደሰ ሀሳብ፤ ከላይ እንደተገለፀው የልጆች መጽሐፍት እየተዘጋጀ ሲሆን፤ መጽሐፎች በዓለም ገበያ ይቅረቡ እንጂ ዋናው ትኩረቱ ለሀገራችን የበኩላችንን ድርሻ መወጣት እንድንችል መንገዱን ለማስጀመር ነው።

ዋናው ምክንያት በጣም ብዙ በርካታ መጽሐፎች በገበያ ላይ አሉ ሆኖም በቀጥታ ዋናው ሀብታችንን ላይ ያተኮሩ አይደሉም። አቅጣጫንም በቀጥታ አያመላክቱም፤ ንድፍ አይገልፁም፣ መርህ አያሰርፁም፣ ትኩረትንም ለማህበረሰቡ አይጋብዙም።

እየባከነ ያለ ጉልበትና ጊዜ፣ ያልተጠቀምንባቸው ሀብቶች፣ ያልታወቁ መልካም አጋጣሚዎች፣ እና በቅደም ተከተል መሠራት ያለባቸውን ሂደቶች በግልፅ የሚያሳይ መጽሐፍ በቀላሉ ማግኘት አይቻልም። ከዚህ አኳያ ይህ የመጽሐፍ ዝግጅት ከፍተኛ አስተዋፆ ይኖረዋል ተብሎ ተስፋ ተጥሎበታል።

የዝናብ ውኃ ሀብት
በትምህርት ቤቶች
ትኩረት አላገኘም

አሁን የተጀመረው መጽሐፍ ተከታታይ ክፍል ሲኖረው ለሀገራችን አንዱ በሆነው የተፈጥሮ ሀብታችን ማለትም የዝናብ ውኃን በሚገባ ለማልማት የሚያስችል **ሙሉ ስዕሉንና አካሄዱን** እንዲያሳይ ተደርጎ

እየተዘጋጀ ይገኛል። እያንዳንዱ መጽሐፍ የሚተነትኑት የራሱ የሆነ ዋና ዋና ጉዳዮች በውስጣቸው ይዘዋል። እንደ ስልት (ስትራቴጂ) ልጆች መግቢያ ይሁኑ እንጂ በቀጥታ መምህራንን ከዚያም ቀጥሎ ማህበረሰቡን ይመለከታል። የሁሉን የአዕምሮ አስተሳሰብ ሀብትን በማጎልበት ጠቃሚ ተግባራትን በማስጀመር፤ ወደ ውጤት እንዲያመራ ሆኖ እየቀረበ ይገኛል።

መገንዘብ የሚያስፈልገው ሌላው ጉዳይ እነዚህ መጽሐፎች እግረ-መንገዳቸውን የመመራመር፣ የማንበብንና የእንግሊዘኛ ቋንቋ ትርጉም ልምምድን ያበረክታሉ። ተማሪዎች ተጨማሪ የዕውቀት ማዳበሪያ መጽሐፍ ማግኘታቸው ወደ ዩኒቨርስቲ ለሚያደርጉት ጉዞ በሳይንስና በዋና ሀብታችን ላይ በምርምር የተመሠረተ አቀራረብ ስለሆነ ያነሳሳቸዋል ብሎም ያበረታታቸዋል ተብሎ ይገመታል።

የዝናብ ውኃ ሀብት የሥራ ዕድል ለመፍጠር ያስችላል

በመጨረሻም በማህበረሰብ ደረጃ የተሟላና በርካታ ሥራዎችን የሚያሠሩ ይሆናሉ ተብሎ ይጠበቃል። እንዲሁም በርካታ የሥራ ዕድል የሚፈጥሩ ጉዳዮችን ወደፊት እንደሚያበረክቱ ጥርጥር የለውም። የሚፈጠረው መልካም አጋጣሚ አሁን መናገር ወይም ማወቅ አይቻልም፤ ነገርግን መገመት ይቻላል። በአጠቃላይ ወደ ተሻለ የኑሮ ደርጃ እንደሚያሻግር በዕውቀት የተመሠረቱትን ሀገራት በምሳሌነት በመውሰድ እርግጠኛ መሆን ይቻላል።

ተግቶ የዕድገትን ጎዳናን ለማግኘት ዋናው መሠረት አብዛኛው ሰው አዕምሮውን በዕውቀት ለመገንባት ፈቃደኛ ሆኖ ሲገኝ መሆኑን ማስመር ያስፈልጋል። ከዚያም ማንበብ፣ ማንበብ፣ ማንበብ፣

መወያይት፣ መወያይት፣ መወያይት፣ መወሰን፣ መወሰን፣ መወሰን፣ ያስፈልጋል።

ለዕድገት ስለሀገር የሚያጠነጥኑ
መጽሐፍት ለይ ማተኮር ያስፈልጋል

በእርግጠኝነት በሀገር ውስጥ ያለውን አለመግባባት ለመፍታት ትክክለኛው ዕውቀት ከተተገበረ ሁሉም በሥራ ስለሚተጋና ኑሮ ምቹ ስለሚሆን ከፍተኛ አስተዋፅኦ ይኖረዋል። ከዚያም በላይ ሀገሪቱ ሀብታም የሚያደርግ ስለሚሆን በርካታ የሥራ ዕድል፣ ለተራ ነገሮች ትኩረት አለምስጠትና በአጠቃላይ ከዓለም ሀገራት ጋር በርካታ ሥራዎች ስለሚከፈቱ ከችግር ፈጣሪ ይልቅ ሠራተኛ የሠው ኃይል እንዲኖር ያስችላል ማለት ነው።

ትክክለኛ ዕውቀት
ኑሮን ምቹ ያደርጋል
አለመግባባትን ያስወግዳል

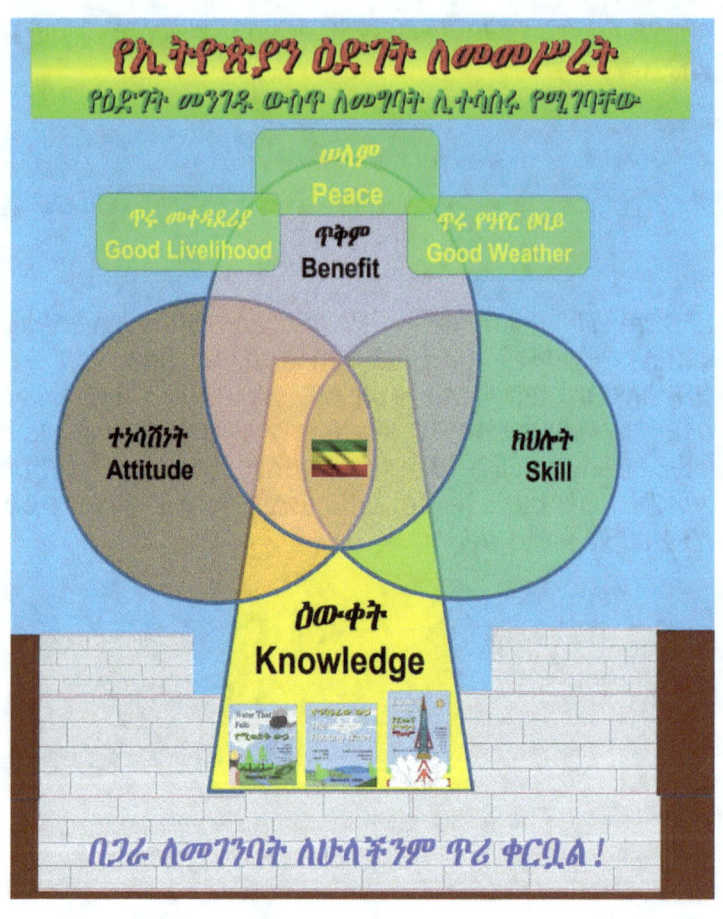

ከዚህ ሁሉ ማብራሪያ በኋላ ወደ ጉዳዩ መግባት ያስፈለጋል። በምግብ ራስን መቻልና የተወሰነውን ገቢን ለማሳደግ ለገበያ ማቅረብ የመጀመሪያ ግብ ሆኖ መለየት አለበት።

ለዚህም ከለይ የተዘረዘሩት የተፈጥሮ ሀብቶች ውስጥ የሚከተሉት ቢያንስ ቅድሚያ ተሰጧቸው ወደ ሥራ ከተገባባብቸው ወደ ዕድገት መንገድ ማምራት ይቻላል።

በአሁኑ የመፈፀም አቅም በመነሳት ከተሠራባቸው ሀብት ፈጣሪ የተፈጥሮ ሀብቶች የሚከተሉት ናቸው።

- አዕምሮ (አላቂ)፣
- የሰው ጉልበት (አላቂ)፣
- ጊዜ (አላቂ)፣
- የፀሀይ ሀይል (ታዳሽ)፣
- የዝናብ ውኃ (ታዳሽና አላቂ)፣
- መሬት፣
    - የመሬት ስበት (ታዳሽ)፣
    - አፈር (አላቂ)፣
    - ድንጋይ (በአለበት አገልግሎት ላይ ከዋለ አላቂ)፣
    - አሸዋ (ታዳሽና አላቂ)፣
    - ንጥረ-ነገሮች (አላቂ) ናቸው።

ከላይ የተዘረዘሩት አብዛኛዎች በብከነት ላይ ያሉ ሲሆን በያንዳንዱ ጠንካራ ሥራ መሥራት ለከፍተኛ ዕድገት ማብቃቱን ከወዲሁ መረዳትና መገመት ይቻላል።

ቀጣዩ መጽሐፍ እያንዳንዱን በመተንተን የትግበራ አቅጣጫውን በማስቀመጥ እንደ መመሪያ እንዲያገለገል ተደርጎ ይዘጋጃል። ከላይ የተዘረዘሩ ነገሮች ላይ በጥራት ከተሠራ ቀጣይ የሚራቡ እና

የሚዋለዱ ሀብቶች የተዋጣላቸውና የተበራከቱ እንዲሆን ያስችላል። ከዚህ በፊት የተመረቱትን ደግሞ በአግባቡ መጠቀምና በማዟዟር አገልግሎት ውስጥ ማስገባት በጣም ጠቃሚ ነው። ጊዜ ከሁሉም ነገር ጋር ስለሚገናኝ አገልግሎት ሰጪ አካሎች ፈጣንና ጥርት ያለ አገልግሎት ማቅረብ ይጠበቅባቸዋል።

በመጨረሻም በዚህ ርዕስ ሥር በማህበረሰብ ደረጃ ዕውቀትን መገንባት ዋና የልማት ምዕራፍ ነው መሆን ያለበት። ቢያንስ ማህበረሰቡ በራሱ የአፈር መሸርሸርን ማስቆም እስኪችልና ውኃ ማሰባሰብ አቅም እስኪያሳድግ ድረስ መቀጠል አለበት። በዕርግጥ ጎን ለጎንና ቀጣይነት ያላቸው የዕውቀት ዘርፎች ለምሳሌ አመጋገብና ሰውነት ማጎልመሻ መጥቀስ ይቻላል ወደጎን መተው የለባቸውም።

ጠቃሚ ዕውቀትን በየደረጃው
ለመለየትና ለመጠቀም
መመራመርን ይጠይቃል

3. ራዕይና ተልዕኮ

ራዕይና ተልዕኮን በግልፅ ሳይለዩ የልማት እንቅስቃሴ ማድረግ ልክ መርከብ ካለመቅዘፊያ ውኃ ላይ እንደሚንሳፈፍ ማለት ነው። ወደተፈለገው መጓዝ አይችልም። ቢጓዝም ወደ መዳረሻው አይሆንም።

> ራዕይ ከሌለ ልማት ወዴት
> እንደሚገሰግስ አይታወቅም

ለለውጥ የት መደረስ እንዳለበትና ለመድረስ ምን መደረግ እንዳለበት መተንተንና የግድ መሆን አለበት። ስለዚህ ራዕይና ተልዕኮዎች በደንብ በግልፅ መቀረፅ አለባቸው።

> ለዕድገት መነሻና መድረሻ፤
> ለመድረስ የሚያስችሉ ተግባራትን
> በየደረጃው መለየትና መተግበር
> ወሳኝና አስፈላጊ ነው

ለዚህ ዝግጅት የሚከተሉት ተነድፈዋል።

ራዕይ

የአስተባባሪዎች ራዕይ:

ሀብት ፈጣሪ የተፈጥሮ ሀብቶችን ለማጎልበትና የአየር ንብረት ሁኔታዎችን ለማስተካከል የላቀ የመወሰን አቅም ያለው ማህበረሰብ ፈጥሮ ማየት፣ በዚህም የሀብት ክምችትንና የአየር ንብረት መሻሻልን ማረጋገጥ።

የማህበረሰቡ ራዕይ:

የአየር መዛባትን የተቋቋመ፣ ሥጋት የሌለበት (ወረርሽኝ፣ ዘረፋ፣ ግጭት፣ የአራዊት ጥቃት፣ ወዘተ)፣ የኑሮ ሁኔታን ያሻሻለና ውበትን የጠበቀ ለሌሎች ተሞክሮ ሊሆን የሚችል ምቹ ሠፈርን ፈጥሮ ማየት።

ወደ ታች ጎታች

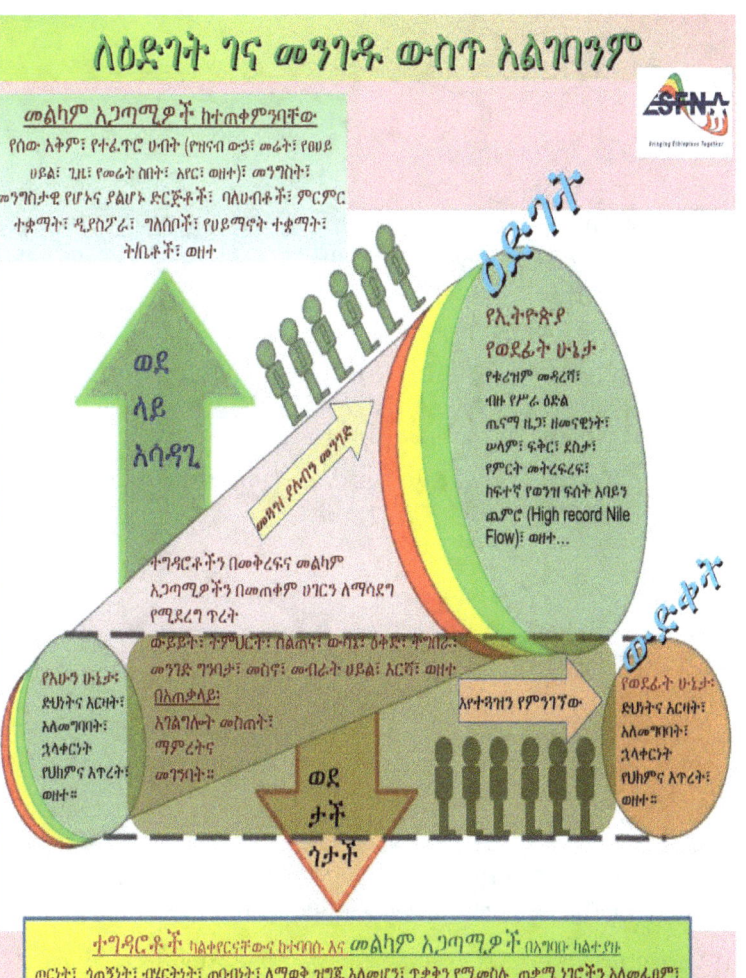

ለዕድገት ገና መንገዱ ውስጥ አልገባንም
መልካም አጋጣሚዎች ከተጠቀምንባቸው
የሰው አቅም፣ የተፈጥሮ ሀብት (የዝናብ ውኃ፣ መሬት፣ የፀሀይ ሀይል፣ ጊዜ፣ የመሬት ስበት፣ አየር፣ ወዘተ)፣ መንግስት፣ መንግስታዊ የሆኑና ያልሆኑ ድርጅቶች፣ ባለሀብቶች፣ ምርምር ተቋማት፣ ዲያስፖራ፣ ግለሰቦች፣ የሀይማኖት ተቋማት፣ ት/ቤቶች፣ ወዘተ
ወደ ላይ አሳዳጊ
ዕድገት
መጻኛ ያሉብን መንገድ
የኢትዮጵያ የወደፊት ሁኔታ
የቁረዝም መዳረሻ፣
ብዙ የሥራ ዕድል
ጤናማ ዜጋ፣ ዘመናዊነት፣
ሠላም፣ ፍቅር፣ ደስታ፣
የምርት መትረፍረፍ፣
ከፍተኛ የወንዝ ፍሰት አባይን ጨምሮ (High record Nile Flow)፣ ወዘተ...
ትግዳሮቶችን በመቅረፍና መልካም አጋጣሚዎችን በመጠቀም ሀገርን ለማሳደግ የሚደረግ ጥረት
ውድቀት
የአሁን ሁኔታ፡ ድህነትና አርዛት፣ አለመግበባት፣ ኋላቀርነት የህክምና እጥረት፣ ወዘተ።
ውይይት፣ ትምህርት፣ በልጠና፣ ውሳኔ፣ ዕቅድ፣ ትግበራ፣ መንገድ ግንባታ፣ መስኖ፣ ሙብራት ሀይል፣ አርሻ፣ ወዘተ
በአጠቃላይ፡
አገልግሎት መስጠት፣ ማምረትና መገንባት።
እየተጓዝን የምንገኘው
የወደፊት ሁኔታ፡ ድህነትና አርዛት፣ አለመግበባት፣ ኋላቀርነት የህክምና እጥረት፣ ወዘተ።
ትግዳሮቶች ካልቀየርናቸውና ከተባባሱ እና መልካም አጋጣሚዎች በአግባቡ ካልተያዙ
ጦርነት፣ ጎጠኝነት፣ ብሄርተኝነት፣ ጠባብነት፣ ለማወቅ ዝግጁ አለመሆን፣ ጥቃቅን የሚመስሉ ጠቃሚ ነገሮችን አለመፈፀም፣ የበጀት እጥረት፣ ወረርሺኝ፣ የአየር መዛባት፣ ተገቢ ድጋፍ አለመኖር፣ ለዕውቀት ትኩረት አለመስጠትና እጥረት፣ የአካባቢ ሁኔታን ባለመረዳት ትክክለኛ ዕቅድ አለማዘጋጀት፣ የተነሳሽነት ስሜት አለመኖር፣ የክህሎት እጥረት፣ የአፈር መሸርሸር፣ ጎርፍ፣ ደለል፣ ልቅ-ግጦሽ፣ ደን መጨፍጨፍ፣ ወዘተ...

ተልዕኮ

የአስተባባሪዎች ተልዕኮ:

1. የአካባቢ ዋና ሀብትን ለማስተዳድር በሚያስችል መልኩ የልጆችን ብሎም የአዋቂዎችን ዕውቀትና አስተሳሰብ መገንባት፤ ጥበብን የሚያስጀምሩ መጽሐፍትን በተገቢ ቦታዎች ማድረስ፤
2. ለማህበረሰቡ የሀብት ማከማቸት ሞዴሎችን አዘጋጅቶ በማሳየት ዕውቀታቸውን፣ ተነሳሽነታቸውንና ክህሎታቸውን ማሳደግ፤ ብሎም መርህና ዕቅድ ዝግጅትን ማስተባበርና ማስተግበር፤ ለውጤት ማብቃትና በዘላቂነት ተጠቃሚነታቸውን ማረጋገጥ።

የማህበረሰቡ ተልዕኮ:

1. ማንቂያ ውይይቶችን መካፈል፣
2. ሙከራ ቦታዎችን መጎብኘት፣
3. ጥያቄዎችን በማንሳት መረዳት፣ መመራመር፣
4. መርህና ዕቅድ ማዘጋጀት፣
5. ሁሉን ነገር ከተረዱ በኋላ በመሬት ላይ በግልና በጋራ ተግባራትን በመርሁ መሠረት ማከናወን።

በየወርዳው በዚህ ጉዳይ ቢያንስ ለሁለት ዓመት በማህበረሰብ ደርጃ መወያየትና በቂ ዝግጅት ማድረግ። የሀይማኖት ተቋማት፣ ት/ቤቶች፣ ሴክተር መሥሪያ ቤቶችና ባለሀብቶች መሣተፋቸው በጣም ተፈላጊ ነው።

4. ሊቁ ማን ነው

መርዓዊ ከተማ አጠገብ በባታ ሠፈር ውስጥ በቀለ የሚባል አንድ ጎበዝ ልጅ አለ። ከሰባት ዓመቱ ጀምሮ አካባቢን በጣም በጥንቃቄ መቃኘት ይወድ ነበር።

ሊቁ በተዋጣለት የመመልከት ችሎታው ምክንያት ቤተሰቡ በቅፅል ስም "ሊቁ" በማለት ይጠሩታል። ስሙ "ሊቁ" ማለት ለማወቅ ወይም ለመማር የሚጓጓ፤ ሁልጊዜም ጊዜውን መስዋት አድርጎ ለነገሮች በዝርዝር ትኩረት የሚያደርግና አዳዲስ ሁኔታዎችን ለመማር የተዘጋጀ ሰው ማለት ነው።

የጥቃቅን ተግባራት አቅም ተጠራቅመው ከፍተኛ ለውጥ በአካባቢ ያመጣሉ ብሎ ሊቁ ያምናል።

ልማት ማለት ጥቃቅን ሀብቶችን ማሠባሰብ ነው

አንዳንድ ጊዜ ሊቁ በተለያዩ የሀገሪቱ ቦታ ተሠማርተው የሚገኙ ዘመዶችን ለመጎብኘት ይጓዛል። በአካባቢ ጉዳይ ዕውቀቱን እንዲገነባና በአስገራሚው የዝናብ ውኃ መረጃ እንዲሰበስብ ረድቶታል።

ለዚህ ወሳኝ ጉዳይ፤ ሊቁ ታላቅ ወንድሙንና የቤተሰብ አባሎችን የተለያዩ ጥያቄዎችን በማንሳት ስለ አካባቢ ይጠይቃል። የሊቁ ምልከታ የሚያተኩረው በውኃ ሀብት ላይ ሲሆን ይሄም አካባቢን ዘላቂ ለማድረግና በሰፊው ከድህነት ለመውጣት ወሳኝ ሀብት ብሎ ስላመነ ነው።

በቂ መተዳደሪያና

ለምለም አካባቢን ለመፍጠር

የዝናብ ውኃን ማስተዳደር

ሊቁ ለሀገር ዕድገት የሚተጋ ትንሽ ልጅ ሆኖ ግን አካባቢውን የሚቃኝ እና ለዕድገት የሚታትር ልጅ ነው። በመጨረሻም ሊቁ፣ ውንድሙና ቤተሰቦቹ ለገፀ-ባህሪ የተፈጠሩ ሲሆን በአካል በምድር ላይ የሉም። ስለዚህ ሊቁን መከተል ከማንኛውም የፖለቲካ፣ የማህበራዊና ኢኮኖሚያዊ ቅራኔዎች የማይፈጥር ምዕናባዊ ሆኖ ተቀባይነት ያለው ሀሰብ ያደርገዋል ተብሎ ታምኖበታል።

ለሁሉም የሀገሬው ማህበረሰብ

የዝናብ ውኃን ለመጠቀም ዕውቀት፣

ተነሳሽነትና ክህሎት ያስፈልጋል

በብር ቢተመን ሀገራችን በየዓመቱ የማትጠቀምበት የሚባክን የዝናብ ውኃ ምን ያኽል እንደሚሆን ይገምቱትና ሀገርን ከማሳደግ አኳያ ሊኖረው የሚችለውን ጠቀሜታ ያስሉት። በሌላ አነጋገር ከትናንሽ ግድቦች ጀምሮ ስንት የህዳሴው ግድብ ያኽል ሀገራችን ሊኖራት ይችል ነበር ብለው ይገምቱት። ታዲያ ለዚህ ሀብት ነው ሊቁ ማህብረሰቡን ለማንቃት እየታተረ ያለው። የሚዘጋጁ መጽሐፍት ጥቅማቸውን ከወዲሁ መገመት ይቻላል። ቅድሚያ ተሰጥቶት በሁሉም ወረዳ መዳረስ ያለበት ዋናው የለውጥ መሠረት መገንቢያ ዘዴ ነው።

5. የመጽሐፎችን ማስተዋወቅ

ይህ ተከታታይ የመጽሐፍት ዝግጅት በውጭ ሀገር ለሚኖሩ በተለይ ለልጆች የማንበብ፣ የመጻፍና ትርጉም ልምድ ከማዳበሩም ባሻገር ለሀገር ቤት በጣም ብዙ ጥቅሞች አሉት። ዋና ዓላማው ሀገራችን በራሳችን ዕውቀት ከመጀመሪያ ጀምሮ ለመምራት አስተዋፅዖ የሚያደርግ ሲሆን የሚከተሉትን ዋና ዋና ጥቅሞችን ያካትታል፡-

1. በቤተሰብ አባላትና ጓደኛ መካከል ጥቃቅን በሚመስሉ ለሀገር በሚጠቅሙ ርዕሶች ውይይት ያስጀምራል፣
2. የውኃ ሀብታችን በተለየ መንገድ ያስተምራል፣ አዳዲስ ሀሳቦችንና ቃላትን ያስተዋውቃል፣
3. የዝናብ ሚስጥሮችን ይገልጣል፣ የሚታየውንና የማይታየውን የውኃ ሀብት ብክነት ያብራራል፣
4. በማህበረሰቡ ደረጃ በጉልህ የኑሮ ውድነትን ለማስወገድ የሚችለውን ሰፊውን የተፈጥሮ ሀብት ለመጠቀም ያስችላል፣ ትኩረት ከተሰጠው የሥራ ዕድል በመፍጠር የጋራ ሀብትን ለማካበት ያስችለል፣
5. አዲሱን ትውልድ ሀገር በሚገነቡት በዋና ዋና የተፈጥሮ ሀብቶች ዕውቀትና ትኩረትን አስይዞ ይኮተኩታል፣
6. በአጠቃላይ በደንብ ለተረዳው ለአርሶ አደሮችና ለኢንቨስተሮች የምክር አገልግሎት ለመስጠት ያገለግላል።

ስለዚህ ለጉዳዩ ትኩረት መስጠት በብዙ መልኩ በጣም ጠቃሚ ነው።

ከአደጉ ሀገሮች እንደምንረዳው መጽሐፍ የመውደድ ባህል ለዕድገት ዋና ዕሴት ነው

እስካሁን ተዘጋጅተው በዓማዞን የመገበያያ መረብ ላይ የሚገኙ የመጽሐፍት ርዕስ የሚከተሉት ናቸው፡-

- Water That Falls፡ የሚወድቅ ውኃ፣
- The Floating Water፡ ተንሳፋፊው ውኃ፣
- Exploring Clouds Origin፡ የደመና ምንጭን ማሠሥ፣
- Water That Takes-off: የሚነሣ ውኃ እና
- Water Above Ground: ውኃ ከመሬት በላይ።

በመዘጋጀት ላይ ያሉ የሚከተሉት ይገኙበታል፡-

- **የማይታይ ውኃ ናቸው።**

በተጨማሪም የመጽሐፎችን ሀሳብ በመጠቀም በተለይ በውጭ ሀገር ለሚኖሩ ኢትዮጵያን ቃላት መተርጎም እና የእጅ ጹሑፍ መለማመጃ ተዘጋጅቷል፡-

- **ከእንግሊዘኛ ወደ አማርኛ ቃላት የመተርጎም ልምምድ፣ እና**
- **የእጅ ጽሑፍ መልመጃ ናቸው።**

እነዚህ መጽሐፍት አዲሱን ትውልድ በሀገራችን ወሳኝ በሆነው የዝናብ ውኃ ሀብትና በአካባቢ ጥበቃ ዕውቀትን እንዴት ሊገነባላቸው እንደሚችል እንዲረዱት ሁሉም መጽሐፍት በቅደም ተከተል እንደሚከተለው ቀርበዋል።

6. የሚወድቅ ውኃ

ሁልጊዜ፤ ሊቁ ለመንደሩ ጥሩ እይታ እንዲኖረው የሚያስችል ልዩ ቦታ ለማግኘት ይሞክራል። የዝናብ ወቅት ነው። የሊቁን ሙሉ ትኩረት ማርኮታል። በመንደሩ ውስጥ እንዴት እንደሚዘንብ ማየት ምንጊዜም አስደሳች ነው፤ እና ከሰማይ ለሚወድቀው ለዚህ ሚስጥራዊ ውኃ የበለጠ ለማወቅ ይፈልጋል።

ሊቁ ደመናዎችን መመልከት ይወዳል። ከዚያም ባሻገር፤ ከውጭ መሆን ነፋሱ በጣም ያስደስታል። መንደሩ በዓመት ውስጥ ለአራት ወራት ያህል የማያቋርጥ ዝናብ ያገኛል፤ እነሱም፡- ሰኔ፣ ሐምሌ፣ ነሀሴ እና መስከረም ናቸው። በዓመቱ ውስጥ የቀሩት ወራት ፀሀያማ እና ደረቅ ናቸው። በሌሎች የዓለም ክፍሎች የተለያየ ወራቶች ከሆኑም ሊቁ ማወቅ ይፈልጋል። በየቀኑ፤ የማወቅ ጉጉቱ እየተጠናከረ ይገኛል።

አንዳንድ ጊዜ ወንድሙን በመመልከቻ ጣቢያው ከሱ ጋር እንዲሆን ይጋብዘዋል። ወንድሙ አብረው በሆኑ ጊዜ ይደሰታል። ስለ አካባቢው ወንድሙን ለመጠየቅ ዕድል ይሠጠዋል። ወንድሙ ሊቁን በጥያቄዎቹ ለመርዳት ሁልጊዜ ይጓጓል።

ሊቁ አለ፤ “በቀን ቢያንስ ሦስት ጊዜ ውኃ መጠጣት እንደሚያስፈልገን ታውቃለህን?”

ወንድሙ ራሱን ነቀነቀ እና ቀጠለ፤ "ውኃ መጠጣት ሰውነታችን ጤናማ ሆኖ እንዲቆይ ይረዳናል። እኛም በህይወታችን ውስጥ የውኃ ብዙ ጥቅሞችን እንዲሁ መመርመርና ማድነቅ አለብን።"

የበለጠ በጥልቀት እንዲያስብ አደረገው፤ "ውኃ እንፈልጋለን። አካባቢያችን ውኃ ይፈልጋል፤ ልክ እንደኛ፤" አለ ሊቁ።

ውኃ ልክ እንደኛ

ለአካባቢ ያስፈልጋል

ጠዋት ሊቁ ከእንቅልፉ ተነስቶ፤ አንድ ብርጭቆ ውኃ ጠጣ እና ትናንት የተማረውን አስታወሰ። ስለውኃ የበለጠ ለማወቅ የፍለጋውን ጉዞ ጀምሯል። ውኃ ቁልቁል እንደሚሄድ ያውቃል፤ ግን እራሱን በመጠየቅ፤ "ከየት ይጀምራል?"

በመጨረሻም፤ በዛሬው ቅኝት፤ "እንዴት ውኃ ከከፍታ ሊወድቅ ቻለ፤ ከሰማይ?" አለ። ሲዘንብ ከከፍተኛው ቦታ ውኃ ለማፍሰስ ወደዚያ የበረረ ማንም የለም። ሊቁ የደመደመው፤ "ማንም ይሄን ማድረግ አይችልም ምክንያቱም ዝናቡ ሰፊ ቦታን ስለሚሸፍንና የውኃ መጠኑም በጣም ከፍተኛ በመሆኑ፤" በማለት ነበር።

ስለሚወድቀው ውኃ አያቱን፣ አባቱን እና ሌሎች የሰፈሩን ሰዎች ጠይቋል። እስካሁን ድረስ ውኃው ከላይ እንዴት እንደሚመጣ ማንም ለሊቁ ማስረዳት አልቻለም።

መልስ ለማግኘት ካለው ከፍተኛ ፍላጎት አኳያ አዕምሮውን የማረከው ጉዳይ ውኃው ከላይ ሊመጣ የሚችለው ትናንሽ እና ጠንካራ በረዶ ከዝናብ ጋር ሊወርድ እንደሚችል መገንዘቡ ነው።

በሌሎች አካባቢ ምናልባት በረዶ ወይም በረዶ የሠራ ዝናብ ሊሆን ይችላል፤ በአጠቃላይ በእንግሊዘኛው አባባል የሚታወቀው "ፐርስፒቴሽን" በመባል ነው። ሆኖም፤ በጣም ቀላል እና በሌላ ጊዜ ደግሞ ከባድ ሊሆን ይችላል።

ዝናቡ ቀላል በሚሆንበት ጊዜ፤ አንዳንዴ ከሌሎች ልጆች ጋር መጫዎት ያስደስተዋል - መሮጥ፣ መሣቅ እና በዝናብ ውስጥ የሚፈልጉትን ሁሉ ማድረግ።

አንዳንድ ጊዜ፤ በቀን፤ ከባድ ዝናብ ከመምጣቱ በፊት ሰማዩ በጣም ሊጠቁር ይችላል። በዚህ ጊዜ ብዙ ሰዎች ቤት ውስጥ መቆየት ይፈልጋሉ። ዝናቡ ከባድ እና ኃይለኛ በሚሆንበት ጊዜ፤ ሊቁን ያስፈራዋል።

በባለፈው ጊዜ፤ ሊቁ በቤት ውስጥ እያለ፤ በከባድ ዝናብ ምክንያት ሰፊ የመሬት ክፍል በጎርፍ መሸፈኑን በመስኮት ተመለከቷል። በሀይለኛው ዝናብ ምክንያት፤ በወንዙ መንገዶች ከፍ ያለ ጎርፍ ተከስቶ ነበር።

ውኃ ከደመና እናገኛለን

አንድ ቀን፤ ደመናዎች ወደ ጥቁርነት ሲለወጡ ከአየ በኋላ ውኃ መውደቅ ጀመረ። "ውኃው ከደመናዎች እየመጣ ይመስለኛል። ሕምም፤ እንዴት ሊሆን ቻለ?" አለ ሊቁ።

በሚቀጥለው ቀን፤ ሊቁ ስለ ውኃው እና ደመናዎች ያመነበትን ለማረጋገጥ ወንድሙን ወደ ቦታው አመጣው። ወንድሙም ተስማማ

እና በተጨማሪ አብራራ፤ “በተለምዶ ደመናው ከብዷል እና ዝናብ የሚጀምር ይመስላል እንላለን።”

የሊቁ ወንድም ማብራራቱን እንደቀጠለ መዝነብ ጀመረ፤ "ያ የጠቆረው ደመና ክፍል እየቀዘቀዘ ነው፤ ከዚያ ወደ ውኃነት ይለወጣል፤ ይህ ኮንደንሴሽን ውይም የእርጥበት መሰባሰብ ሂደት ይባላል። ከጋዝነት ወደ ፈሳሽነት መልክ መለወጥ፤ የውኃ ጠብታ ይፈጥራል፤ ከዚያም በአለበት ለመቆም ይከብደዋል፤ ብሎም ይወድቃል።"

ከአየር ላይ ውኃ ስለመፈጠር፤ ጥዋት ላይ ከፍተኛ ብርድ በሚከሰትበት በጥቅምት ወር በሣር ላይ የሚከሰት ጤዛ በመባል የሚታወቀው ውኃ ለዚህ ሂደት ጥሩ ምሳሌ ሊሆን ይችላል።

ሊቁ፤ “ነገሩ ስሜት ይሠጣል፤ ውኃ ከላይ እንዴት እንደሚወድቅ መልስ አገኝቻለሁ፤” አለ። በማብራሪያው በጣም ደስተኛ ሆኖ።

የወቅቱን የሙቀት መጠን እና የአከባቢን ሁኔታ በማጣመር በሚፈጠረው የማቀዝቀዝ ሥርዓት፤ ከሚፈጠረው እርጥበታማነት ሂደት በኋላ ውኃ ከደመናዎች ይወድቃል።

ውኃ በአየር ውስጥ ይመሠረታል

ሊቁ ትላንት ማታ አባቱ የነገረውን አስታወሰ፤ "የምናገኘውን የዝናብ ውኃ መጠኑን እና ከብደቱን ገምት፤ እና ምን ያኽል ደመና ሊከብድ እንደሚችል አስብ። ከዚያ በላይ፤ እጅግ በጣም ንፁህ ውኃ

ይሠጠናል። የምንሸጠው ቢሆን ዋጋውን እና አጠቃላይ ገቢውን ገምት። በተፈጥሮ ሀብቶች እንዴት ሀብታም እንደሆንን የሚያስተምርህ ይመስለኛል።"

ዝናብ ዋናው የተፈጥሮ ውኃ ማጣሪያ ዘዴ ነው

ከጥልቅ ሀሳብ በኋላ፤ "ዋው!" አለ ሊቁ፤ ከዚያም፤ "በዝናብ ዙሪያ በርካታ የተደበቁ ጉዳዮች አሉ፤ በመሠረታዊ ሀብታችን፤" አለ።

የሚዘንበው በገንዘብ ቢገመት ነዳጅ ካላቸው ሀገራት በላይ ሀብት ይሆናል

ተፈጥሮ የተለያዩ ወቅቶችን የመስጠት ግዴታዋን ትወጣለች፤ እኛ ግን ከተፈጥሮ ጋር በተሻለ ሁኔታ ለተሳሰረ ዘላቂ እንቅስቃሴ የአከባቢውን ሁኔታ የማሻሻል ሃላፊነት አለብን።

ስለዚህ፤ አሁን ቀጣዩ ጥያቄ - "ደመናዎች ከየት ይመጣሉ?" አለ ሊቁ።

ከትቂት ቀናት በኋላ፤ ሊቁ እና ወንድሙ የመንደራቸውን ማዶ እየጎበኙ ነበር። ሁለቱም ደመናው በላዩ ላይ የተንፀባረቀበት ትንሽ ሐይቅ እና ተውቦ ማራኪ በሆነው መልከዓ - ምድር ገፅታ ተደስተዋል።

"ይገርማል! ውኃ

መልከዓ - ምድርንም

ያስውባል፤" አለ ሊቁ።

በእነዚህ ሁሉ አዳዲስ ትምህርታዊ ሀሳቦች፤ ሊቁ ስለ ደመናዎች እና እንዴት እንደሚስተጋበር ብዙ ማወቅ ጓጉቷል፤ ምክንያቱም ውኃው ለእኛ እና ለአካባቢው የሚወድቅልን ከዚሁ ሀብት በመሆኑ ነው።

"ውኃ በጠብታ መልክ እናገኛለን፣ በመሰባሰብ እንደ አፈር-እርጥበት፣ ምንጮች፣ ወንዞች እና ሐይቆች ሆኖ ሠፊና ወሳኝ የውኃ ሀብታችን ይሆናል።

ዝ ና ብ

ሀብት ነው

ተፈጥሮ እንደሚጠይቀን የተቻለንን ሁሉ ለማድረግ አንድ መሆን አለብን ይህ በቀጥታ ከተፈጥሮ የውኃ ጠብታ ክምችት የምናገኘው ትምህርት ነው፤ ከዚያ በኋላ በአጠቃላይ ሲሰባሰብ ብዙ የተለያዩ ጥቅሞችን በዘላቂነት ማስቀጠል እንችላለን፤" አለ ሊቁ።

ትናንሽ ተግባራት ልክ እንደ ዝናብ

ውኃ ጠብታ ሲሰባሰቡ ውጤቱ

ዕድገትና ዕድገት ብቻ ይሆናል

ሆኖም፤ እያንዳንዳችን በተለያዩ ቦታዎች በትክክለኛው ጊዜ ምን ማድረግ እንዳለብን በሚገባ ማወቅ አለብን። ለዚህም ከሊቁ ታሪክ በመነሳት በትጋት መረዳትን ይጠይቃል።

ግንዛቤ መውሰድ የሚገባው በየአቅጣጫው ጦርነት ካለ፣ ጠባብነትና ጎጠኝነት ካለ፣ ሥራ በሚገባ ካለተሠራ፣ ወዘተ ይህን የሀብት መሰባሰብን በግለሰብና በሀገር ደረጃ በከፍተኛ ሁኔታ ይሸረሽራል። ውጤቱም የበለጠ ዕርዛትና ቸነፈር ይሆናል ማለት ነው። ስለዚህ፡-

እንደ ዝናብ ውኃ ጠብታ ለዕድገት አንድ ሆኖ መተባበርን ይጠይቃል

የወደፊት አቅጣጫ

ሊቁ ደመናውን እንደ ወሳኝ (አስፈላጊ) ሀብት ሆኖ አገኘው። ይህ ቢሆንም፤ ከደመናዎች የሚገኘውን ውኃ፤ በነፃ የሚወድቀውን ሀብትን ለመጠቀም ሁሉም ሰዎች ተገቢውን የመሬት አያያዝ አሰራሮችን አይከተሉም። ሊቁ በአካባቢው ያሉትን የውኃ ሀብቶች የበለጠ ይመረምራል፤ በዚህም ሀብታም መንደርን ለመፍጠር ማህበረሰቡን እንዲያውቅ ማድረግ ይችላል።

ደመናዎችን ወደ አካባቢያችን ምን ያመጣቸዋል? ይህን ጠቃሚ ሀብት ደመናን የተቻለውን መጠን ለማግኘት በተለያዩ ቦታዎች በትክክለኛው ጊዜ ምን ማድረግ እንደሚያስፈልግ እና የበለጠ ለማወቅ በቀጣይ ምርምሮች ይተነተናሉ።

7. ተንሳፋፊው ውኃ

ሊቁ ሌላ አስደሳች የምርምር ጀብድ በማካሄድ ተጠምዶ ነበር። ይህ ሁሉ የጀመረው ስለ ዋናው ሀብት፣ የዝናብ ውኃ ተገቢ ጥያቄዎችን በትጋት በመጠየቁ ነው። እስካሁን ድረስ እጅግ በጣም ጥሩ ሀሳቦችን አግኝቷል። በመጨረሻም ከፍተኛ ምርት ያለው እና ጥቂት የአየር ንብረት ለውጥ ክስተቶች ብቻ ሊኖረው የሚችል ፍጹም የአካባቢ ሥርዓት በመንደሩ ውስጥ እንዲመኝ አድርጎታል።

ለማህበረሰቡ አባላት ልማትን ዘላቂ ለማድረግ የተቻላቸውን ሁሉ እንዲያደርጉ የዳሰሳቸውን መሠረታዊ መርሆዎች ማካፈል ይፈልጋል። ግን አሁንም መፈታት የሚገባቸው አንዳንድ መሠረታዊ ምስጢሮች አሉ። ለምሳሌ የተንሳፋፊው ውኃ አመጣጥ።

የተንሳፋፊው ውኃ

አመጣጥ ሚስጥራዊ ነው

የደመና አመጣጥን በተመለከተ፣ ለእሱ ምስጢር እንደሆነ ነው፤ ተንሳፋፊው ውኃ ከየት እና እንዴት እንደሚመጣ አሁንም በመመርመር ላይ ይገኛል። ከፅንሰ-ሀሳቦቹ አንዱ በሥርዓተ - ፀሀይ ውስጥ ከጎረቤት ፕላኔቶች ደመናዎች ተሸጋግረው ሊመጡ ይችላሉ የሚል ነው!

ለማህበረሰቡና ለአካባቢው በመቆርቆር፤ ሊቁና ወንድሙ ትክክለኛውን ሁኔታ ለመረዳት እየሞከሩ ይገኛሉ እና ብሎም ተንሳፋፊው ውኃ ከየት እንደመጣ ይመረምራሉ።

በዚህ የምርመራ ደረጃ ከላይ እንደተጠቀሰው፤ ሊቁ ደመናዎች ከሌሎች ፕላኔቶች ሊመጡ እንደሚችሉ ጠርጥሯል። ሌሎች ፕላኔቶች በጣም ሩቅ ናቸው፣ እና አብዛኛዎቹ አየር እና ውኃ የላቸውም፤ ይሁን እንጂ በተቻለ መጠን በመመርመር እውነታው ላይ ለመድረስ ይሞክራሉ። ከትምህርት ቤት፣ ከመጽሐፍት እና ከሀገራችን ምድር ምልከታ ሳተላይት የሚገኙ መረጃዎችን ይጠቀማሉ።

የሀገራችን ምድር ምልከታ የርቀት መቆጣጠሪያ ሳተላይት ዋና ዓላማ የግብርና፣ የውኃ፣ የአየር ንብረት፣ የማዕድን እና የአካባቢ ልማትና አስተዳደር የሚያገለግል መረጃ ማቅረብ ነው። በአጠቃላይ መረጃው በተለዋዋጭ የአየር ሁኔታዎች መሠረት ለማቀድ ይረዳል። የሳተላይት መረጃ ወደፊት ከሚጠበቀው ችግር አኳያ ጥንቃቄዎችን ለማድረግ ይረዳል፤ በዚህም ማህበረሰቡ ምርትን ማሳደግ ይችላሉ። በሌላ በኩል ደግሞ ጉዳቶችን እና የሀብት ብክነትን ያስወግዳሉ። በአብዛኛዎቹ ሁኔታዎች ጉዳቶች የሚታዩ ሲሆን የሀብት ብክነት ግን ግልጽ ላይሆን ይችላል። በማይታየው የሀብት ብክነት ጉዳይ ዕውቀትን መሻት ይጠበቅብናል።

ብዙው የሀብት ብክነት
በዓይን አይታይም

ሆኖም፤ እስካሁን ያለው መረጃ ስለ ተንሳፋፊው ውኃ አመጣጥ ምንም ነገር አልገለፀም። ሳተላይቱ ከሚያቀርበው መረጃ ጎን ለጎን የሊቁ ቤተሰቦች በዚህ ታላቅ ዕድል ቀጥተኛ ግንኙነትን በመፍጠር ድጋፋቸውን እያደረጉ ይገኛሉ።

ሊቁ በአፍሪካ ውብ በሆነችው ብዙ ዓይነት የአየር ንብረት በአላት፤ በኢትዮጵያ ሀገሩ ይደሰታል።

የሚያካልለውም፡ -

- ከሞቃታማ ሳቫናህ እስከ በረሃ በቆላማ አካባቢዎች፣ እና
- ከመካከለኛ እስከ ቀዝቃዛ በደጋማ አካባቢዎች ላይ ነው።

ሆኖም፤ ሊቁ ከሰኔ እስከ መስከረም ድረስ ያለውን የዝናብ - ወቅት ይወዳል። መቼም ቢሆን የሰባት ዓመቱ ሊቁ ሰማይን ከደመናዎች ጋር በተመለከተ ቁጥር፤ ጥያቄ አያጣም። ደመናው በሚፈጥረው ጥላ ሽፋን በመገረም እንዴት ካለምሰሶ ደመናው መቆሙ ሁሌም ያስገርመዋል።

“ጥላውን ወደ አካባቢያችን ምን ያመጣዋል፤ እና መነሻውስ ከየት ነው?” አለ ሊቁ። ሊቁ በአያቱ መንደር ቆይታው ተደስቷል፤ መልስ ለማግኘት ስለ ደመናዎች አያቱን ጠይቋት ነበር። ስለደመናዎች በጥልቀት በማብራራት፤ በሚገርም ሁኔታ እየነገረችው ነበር።

ደመና አንዱ ዋና ዕምቅ
የተፈጥሮ ሀብት ነው

"ደመና ታላቅ ሀብት ነው። የኤሌክትሪክ ኃይል ለማመንጨት የምንጠቀምበትን ውኃ ይሰጠናል።" ለትንሽ ጊዜ ዝም ብላ ከዚያ ቀጠለች፤ "በዚያ ላይ ለመጠጥ፣ ለምግብ ማምረቻ፣ ለንፅህና አጠባበቅ፣ ለቤት ግንባታ፣ ለአምራች ኢንዱስትሪዎች፣ ለመጓጓዣ፣ ለቱሪዝም፣ ለአካባቢና ወዘተ ውኃ እንጠቀማለን።"

ደመና የሀብት መነሻ ነው

"ለሕይወት ይቅርና፤ ውኃ ለሁሉም ነገር ወሳኝ ፍላጎት ነው፤" ብላ አስረዳችው።

ውኃ ለሁሉም ነገር አስፈላጊ ሀብት ነው

የደመናዎችን ጥቅሞች በመረዳቱ ደስተኛ ቢሆንም፤ ደመናዎቹ የት እና እንዴት እንደሚመጡ ለማወቅ ነበረ የበለጠ ፍላጎቱ። አለመታደል ሆኖ፤ በማብራሪያዋ ምንም ፍንጭ አላገኘም።

ወደ እሱ ለመቅረብ እየተንቀሳቀሰች እያለ፤ ሊቁ ራሱን ነቀነቀ። "አዎ አያቴ። ለዚህ ምክንያት፤ ስለ ደመናዎች የበለጠ ማወቅ እፈልጋለሁ፤" አላት።

ከላይ የምናገኘው ውኃ አየር ሲቀዘቅዝ ከደመናዎች እንደሚመጣ አውቋል። ሆኖም፤ ደመናው እርጥበታማ ከመሆኑ በፊት ቀሪው

ሂደት እንዴት እየተካሄደ ነው? ይህ ጥያቄ በጣም እረፍት ነስቶታል እናም ለእዚህ ምስጢራዊ ሂደት መልስ ለማግኘት ጓጉቷል።

በወቅቱ ቤተ-መፃህፍት ወይም በይነመረብ ያለው ኮምፒተር አልነበረውም። ስለሆነም፤ እውቀት እና ግንዛቤ በመጨረሻ እስኪገለፅ ድረስ መታገስ ነበረበት።

የደመናዎችን ምስጢር ለመረዳት በማይችልባቸው ቀናት ውስጥ፤ ያወቃቸውን እውነታዎች በመከለስ ጊዜውን ይጠቀምበታል። ሊቁ ደመናዎች ከቦታ ወደ ቦታ እንዲንቀሳቀሱ የሚያደርጋቸውን ነገር ገና አልተረዳም። ሆኖም፤ ቅርፃቸውን በመለዋወጥ አሁን እና እየቆዩ ይንቀሳቀሳሉ። በዚህ ረገድ፤ ሊቁ እና ወንድሙ የተለያዩ የደመና ቅርጾችን በመለየት ይደሰቱ ነበር።

“ያ ክፍል ልክ ቤት ይመስላል፤” አለ ሊቁ። ስለ ደመናዎች የበለጠ ለመረዳት ወደ አንድ ሰዓት ያህል በመጠበቅ ላይ እያሉ፤ ብዙ ቅርፆች ይለዋወጡ ነበር።

“ያኛው አይጥ ነው፤” አለ የሊቁ ወንድም።

ከዚያ ሊቁ፤ “ተመልከት! ይህ ጨካኝ አንበሳ ነው!” አለ።

አስቂኝ - የሚመስል አንበሳ በመምሰሉ መጀመሪያ ወንድሙ ከዚያ በጋራ በሳቅ ፈነደቁ።

በመጨረሻ፤ ስለ ደመናዎች እንቅስቃሴ እና አመጣጥ ያለ ምንም ማስረጃ ወደ መንደራቸው ተመለሱ።

ብዙውን ጊዜ ሊቁ ከቦታ ወደ ቦታ የሚዘዋወሩ የተለያዩ ደመናዎችን እንዴት እንደሚሆን ለማወቅ በቁም ነገር ይመለከት ነበር። በርከት

ያለ ደመና ሰማይ ላይ ካለ የመዝነብ ዕድል እንዳለ ሊቁ ተረድቷል። በተጨማሪም ብዙ ዛፎች ያሉት መሬት ከሌላው የምድር ክፍል የተሻለ ዝናብ እንዳገኘ ተመልክቷል።

ዛፎች እንደ ማግኔት ደመናዎችን ይስባሉ

ይህ እንዴት ሊሆን ቻለ? እንደገና፤ ወዲያው መልስ አላገኘም።

ይሁን እንጂ፣ ጊዜ በጣም ጥሩ ትምህርት ቤት ነው፣ ስለዚህ በሆነ መንገድ ፍንጭ እስኪያገኝ ድረስ መጠበቅ እንዳለበት ያውቅ ነበር።

ከጥቂት ቀናት በኋላ፤ ሰማዩን እየተመለከተ፤ የደመናዎች እንቅስቃሴን ሲከተል የተለያዩ ስሜቶች ሊቁ ላይ ተፈራረቁበት። ግዙፍ ደመና ከሰማይ በቀስታ ሲንሳፈፍ ተመለከተ፤ እና አዲስ ሀሳብ መጣለት።

"ደመናዎች ይንሳፈፋሉ!" አለ ሊቁ።

በምልከታዎች ውስጥ የተለያዩ መረጃዎች ተገኝተዋል። ሊቁ በሚለዋወጡ ቅርጾች ላይ ተጨማሪ ሀሳብ ሰጧል።

አንዳንድ ጊዜ በጥቂት ደቂቃዎች ውስጥ ብዙ የቅርፅ ለውጦችን ማስተዋል ይችላሉ፤ በሌላ ጊዜ ደግሞ ላይከሰትም ይችላል።

"ደመናዎች በነፃነት ተንቀሳቃሽ ናቸው፤" አለ ሊቁ ሌላ ተንሳፋፊ ደመናን እየተመለከተ።

ደመና ይንሳፈፋል ካልሰከነ ያመልጣል ከኛ ምን ይጠበቃል?

ከእራት በኋላ፣ ሊቁ የማታውን ሰማይ ለማጥናት ወጣ። ደመናዎች በማታ ጊዜም በእንቅስቃሴ ላይ ነበሩ። ለጥቂት ደቂቃዎች የጨረቃ ብርሃንን አግደው ነበር። ከዚያ ጨረቃ እንደገና ታየች። በፍጥነት እየተጓዘች ያለችው ጨረቃ ይመስል ነበር፣ ነገርግን ደመናዎች ነበር በፍጥነት የሚጓዙት።

“ሊቁ! እየመሸ ነው። እባክህ ወደ አልጋህ ሂድ፣” አለች እናቱ።

ሊቁ የእሷን ድምፅ ከመስማት በቀር የት እንደነበረች አላያትም ነበር። ራሱን ነቀነቀ እና ጠዋት ላይ ደመናዎችን ለመመልከት ወሰነ።

ልክ እንደ ማታው፣ የንጋት ሰማይን ሲመለከት ደመናዎች ፀሐይን እንዲሁ ሸፍነው ነበር። ደመናዎች በቀን የፀሐይ ብርሃንን አግደው ነበር።

"እንደማስበው ደመናዎች እንደ ጨረቃ እና እንደ ፀሐይ ሩቅ አይደሉም። ሆኖም፣ ዳመናዎች በጣም ብዙ ብርሃን ሊያግዱ ይችላሉ፣” አለ ሊቁ።

በቀላሉ ውኃ ከማቅረብ ባለፈ ደመናዎች ተጨማሪ ጥቅሞች እንዳላቸው ሊቁ ተረድቷል።

“ጥላው እና የውኃ ነጠብጣቡ የምድርን የውኃ እና የመሬት ገጽታዎችን ያቀዘቅዛል። ይህ ባይሆን ኖሮ ዓለም ሙሉ በሙሉ ምድረ በዳ ትሆን ነበር፤ በተለይ በየብስ ላይ ሕይወት ሊኖር አይችልም ነበር፤” አለ ሊቋ በጥልቀት እያሰበ።

ልክ እንደ ዝናብ ውኃ

ደመናዎች ምድርን ያቀዘቅዛሉ

ከዚያም በላይ ዝናቡ አየሩን ከአቧራ እና ከሌሎች ቆሻሻ ቅንጣቶች ያፀዳል። በተጨማሪም፤ በሰማይ ውስጥ አንዳንድ ደመናዎች አየር ሲቀዘቅዝ እንደሚታዩ እና ሌሎች ደግሞ ሲሞቅ እንደሚሰወሩ አውቀዋል።

የሙቀት መጨመር
ደመናን ይበትናል
ዝናብ ያሳጣል

ከመንደራቸው ማዶ፤ በደመናዎች እየተሸፈነ የሚበር አውሮፕላን ሲጓዝ ተመለከቱ።

“አየር እስከ ሚሸከማቸው ድረስ ደመናዎች ወደ ላይ ይወጣሉ። ስለሆነም ከእኛ ብዙም የራቁ አይደሉም፤” በማለት ወንድሙ አብራራ።

“እኛ የምንተነፍሰው አየር ውኃ እንድናገኝ መሳሪያም ጭምር ነውን?” አለ ሊቁ።

“አዎ፤” አለ ወንድሙ። “አየር ደመናን እንደ አውሮፕላን ይሸከማል።”

“አውሮፕላኑ እንቅስቃሴውን የሚወስን ሞተር እና ፓይለት ያለው ይመስለኛል፤ ግን የእኔ ጥያቄ ደመናዎች እንዴት እንደሚንቀሳቀሱ ታውቃለህን?” በማለት ሊቁ ወንድሙን እንደገና ጠየቀው።

“ነፋሱ ነው፤ ማለቴ የሚንቀሳቀስ አየር። ደመናዎች ከነፋሱ ጋር ይንሳፈፋሉ። በየትኛውም አቅጣጫ ደመናን ከቦታ ወደ ቦታ ይወስዳል፤” አለ ወንድሙ።

በመጨረሻም፤ ሊቁ ከመልሶቹ አንዱን አገኘ - አየር ውኃ የሚሰጡን ደመናዎችን ተሸክሞ ያጓጉዛል።

“እምም ደመናዎች በአየር ውስጥ ይንሳፈፋሉ፤ አየር ደመናዎችን ያቀርብልናል፤” አለ ሊቁ።

አየር ሲነፍስ

ደመናዎችን ያጓጉዛል

የደመና መጠኑ በጣም ከፍተኛ ስለሆነ፤ ይህ የማጓጓዝ ሥራ በሰው ኃይል የማይታሰብ ነው።

“ዋው፤ ደመና የሚንሳፈፍ በመሆኑ በማንኛውም አቅጣጫ ስለሚንቀሳቀስ ይበልጥ የተረጋጋ ደመናዎችን ለማግኘት የሚያስችል ትክክለኛ የአየር ሙቀት መጠን ሊኖር ይችላል፤ በዚህም ከፍተኛ ውኃ ረዘም ላለ ጊዜ ይገኛል፤” አለ ሊቁ በዛኛው በኩል ቆሞ።

“ትክክል ነህ፤ ንፁህ - ቀዝቃዛ አየር መኖሩ በነጻ የሚንቀሳቀሱ ደመናዎችን ለማጥመድ እና ለማረጋጋት ጥቅም አለው። ከንጹህ - ቀዝቃዛ አየር እና ትላልቅ ተራሮች በስተቀር ደመናዎችን ምንም ነገር ሊያቆማቸው አይችልም። የአየር ንብረት ለውጥ ማለት በከፍተኛ ሙቀት እና ብክለት ምክንያት አየሩ የበለጠ ሲብከነከን ማለት ነው። ይህ ሲፈጠር ደመናዎችን ይበትናል። ግን የታደሰ - ቀዝቃዛ አየር ይቀንሰዋል፤ በደንብ የተሰራጨ እና የተረጋጋ ደመናዎችን እንዲኖር ያመቻቻል፤” በማለት የሊቁ ወንድም አስረድቷል።

ከመንደራቸው በደቡብ ምዕራብ አቅጣጫ፤ ለአንድ ሰዓት ያህል የሚወስድ የእግር መንገድ ላይ አንድ ትልቅ ተራራ አለ።

የሊቁ ወንድም ማብራራቱን ቀጠለ፤ “ተራሮች ተንቀሳቃሽ አየርን በአካል ያግዳሉ። ከዚያም በላይ፤ የተራራዎቹ የላይኛው ክፍላቸው ከዝቅተኛ ክፍላቸው የበለጠ ቀዝቃዛ ናቸው። ቅዝቃዜው ደመናን ያረጋጋል። ሆኖም ተራሮች ይህንን ሥራ በሁሉም ቦታ ለማከናወን በቂ አይደሉም፤ ስለሆነም በመሬት ላይ የተሟላ የማቀዝቀዝ ስርዓት ለመፍጠር የሚያስችል ሰፋ ያለ የደን ሽፋን ያስፈልጋል።"

ከትንሽ እረፍት በኋላ፤ ቀጠለ፤ "የተሟላ የማቀዝቀዝ ሥርዓት ከሌለን፤ አገራችንን ጨምሮ ከተወሰኑ ሀገሮች እንደሰማነው በአንዳንድ አካባቢዎች የጎርፍ መጥለቅለቅ እና በሌሎች አካባቢዎች የሰደድ - እሳት ቃጠሎ በቀላሉ ሊከሰቱ ይችላሉ"።

ደመናን ለማረጋጋት የአካባቢ ቅዝቃዜ ብቸኛ አማራጭ ሲሆን ይሄንም ለማገዝ ሁሉን ይመለከታል

በዚህ ዘመን የአየር ሁኔታ ማሻሻያ ዘዴዎች ዳመናዎችን የበለጠ ያቀዘቅዛሉ፤ በዚህም ሂደት የዝናብ ውኃ ይፈጠራል፤ ይህ ማለትም በከፍተኛ ሁናቴ የቀዘቀዙ፤ በረዶ-የሆኑ ትናንሽ ቅንጣቶችን በአየር ላይ በመርጨት ሲሆን ይሄም ደመናን ሰብስቦ ወደ ውኃ ጠብታ መቀየር ዘዴ ይባላል።

ዘዴው ዝናብ ማዝነብ ቢያስችልም ከሚጠይቀው ወጭ አኳያ በሁሉም ቦታ በስፋት ለረጅም ጊዜ ሊተገበር አይችልም። ለጥናትና ምርምር መጠቀሙ ግን በጣም አስፈላጊ ነው። ከሚሰራው ሥራ ውስንነት አኳያ ሂደቱ ዝናብ ማዝነብ ሊባል አይገባውም። መባል ያለበት ከደመና የእርጥበት ማሰባሰብ ዘዴ ሲሆን ሂደቱ ሙሉ የዝናብ ሂደትን አይተካም። በዓለም ደርጃ በሙከራ ሂደት ሲሆን ራሱን አስችሎ ለማዝነብ ገና ብዙ ምርምር ይጠይቃል።

"በባለፈው ጊዜ እንደተማርነው፤ ደመናዎች ይዘታቸውን ወደ ውኃ ለመለወጥ በአንፃራዊነት የበለጠ ቀዝቃዛ መሆን አለባቸው። ነገሩ ምክንያታዊ ነው፤ የደመናዎች መኖር ብቻ የዝናብ ውኃ ማግኘትን አያረጋግጥም። ከደመናዎች የውኃ ጠብታዎችን ለማግኘት አከባቢው

በበቂ ሁኔታ ቀዝቃዛ መሆን አለበት። ስለሆነም ከዚህ ትምህርት በመውሰድ፤ ደመናዎችን እና ከዚያም ከደመናዎች ውኃ ለማግኘት፤ ሰፋፊ ደንን በመመሥረትና በመጠቀም የማቀዝቀዣ ዘዴ መፍጠር ያስፈልጋል፤" አለ ሊቁ።

እንደገና፤ "ደኖች ደመናዎችን እንደ ማግኔት መሳብ መቻላቸው ትክክል ነው፤ ግን ደኖች በአየር ውስጥ የማቀዝቀዝ ስርዓትን እንዴት መፍጠር ይችላሉ?" መጀመሪያ እራሱ አንሰላስሎ መልስ በማጣቱ ከዚያም ወንድሙን ጠይቋል።

ነገሩ በጥልቀት ስላሳሰበው፤ ሳይናገር ረጅም ጊዜ ቆየ። ከዛም እንደተናገረው፤ "ተንሳፋፊው ውኃ ወደ ዝናብ ውኃነት ለመቀየር የሚያሳልጠው በቂ ቅዝቃዜ ከሌለ በቀር መንሳፈፉን ይቀጥላል።"

ለዚህም ግልፅ ምሳሌዎች በረሀዎች ላይ ዝናብ የመጣል ዕድሉ ዝቅተኛ ሲሆን ጥቅጥቅ ያለ ደን ያላቸው ለከ እንደ ዓማዞን ያሉ ቦታዎች ሁሌም ዝናብ ያገኛሉ።

አካባቢን ካላቀዘቀዝነው

ደመና ማምለጡን ይቀጥላል

በኋላም፤ "ለዚህ አስፈላጊ ዘዴ፤ እያንዳንዱ የማህበረሰብ አባላት አሳምኖ በዓለም ዙሪያ ሰፊ የደን ሽፋኖችንን መፍጠርና ብክለት መልቀቅን መቀነስ እንዴት ይቻል ይሆን?" አለ።

“ያ ጥሩ ነጥብ ነው፤ ደኖች ቀዝቃዛ ንፁህ አየርን እንዴት እንደሚያመነጩ እና በተጨማሪ ስለ ማህበረሰብ አደረጃጀት ጉዳዮች በሚቀጥሉት ክፍሎች በዝርዝር እንወያያለን፤” አለ የሊቁ ወንድም።

ስለ ደመናዎች እንደዚህ ያለ ወሳኝ መረጃ ከተያዘ፤ ሊቁ አሁን ስለ ተንሳፋፊው ውኃ መነሻ የበለጠ ለማወቅ ከፍተኛ ፍላጎት አለው።

“የተለያዩ የደመና ዓይነቶች ተጨማሪ ምርምር ቢፈልጉም፤ አሁን ተንሳፋፊው ውኃ በመጀመሪያ መንሳፈፍ የሚጀምረው የት ነው?” አለ ሊቁ፤ ተጨማሪ ጥናት ለማካሄድ በማቀድ።

ምንም እንኳን ሊቁ እውነታውን ለመረዳት ቢታገልም፤ በሌላ በኩል ቤተሰቡ የኑሮ ሁኔታቸውን ለመለወጥ የሚረዳ አዲስ ግን ወሳኝ መመሪያ ይጠብቃሉ። ለዘላቂ ልማት መሠረትም ይጥላል ብለው ያምናሉ።

ለዚህም ምክንያት፤ በማንኛውም ጊዜ በአዳዲስ ሀሳቦች ዙሪያ ለመወያየት ዝግጁ ናቸው። ይህ ግልፅ ውይይት አዳዲስ ፅንሰ-ሀሳቦችን ለማፍለቅ እና ጠቃሚ አስተያየቶችን ለማዳበር በጣም ውጤታማ የሆነ ልምድ ማዳበሪያ ዘዴ ነው።

ምንም እንኳን አዳዲስ ሀሳቦችን ለመረዳት የብዙ ቀናት ጥረትን የሚጠይቅ ቢሆንም፣ ይህ ልማድ ባህላዊ አሰራሮችን በማዘመን

ውጤታማ፣ እና ቀልጣፋ ለማድረግ ይረዳል። ለልማት ሲባል እንዲህ ዓይነቱ ጠንካራ ድጋፍ በትጋት ማድረግ አስፈላጊ ነው።

የደመና መነሻን ፍለጋ ቀጥሏል

8. የደመና ምንጭን ማሠሥ

እስካሁን ስለአካባቢ ጥበቃ የሚያደርገውን ትምህርታዊ ጉዞ ለመቃኘት፤ ደመና ከቦታ ወደ ቦታ እንዴት እንደሚንቀሳቀስ እና ውኃ ከደመና እንዴት እንደሚወድቅ አጥንቷል። ጥሩ ዝናብ ለማግኘት ደመና በመባል የሚታወቀው ተንሳፋፊ ውኃ እንዴት እንደሚያዝ፣ እና እንደሚረጋጋ ተንትኗል።

በሌላ በኩል ጤናማ ደመናዎች እጅግ ጥሩ የውኃ ምንጮች መሆናቸው፤ ምድርን የማፅዳት እና የማቀዝቀዣ ዘዴዎችም እንደሆኑ፤ በዚህም የሰደድ እሳቶችን እና ዶፍ ዝናብ የተቀላቀለበት አውሎ ነፋሶችን ለማስወገድ የሚረዱ መሆኑን ተረድቷል።

የደመና ምንጭ
አይታይም

ከቀን ወደ ቀን፤ የሊቁ የዝናብ ውኃ መነሻን በተመለከተ የሚያደረገው ምርመራ ቀጥሏል።

“ለመንደራችን የመጀመሪያው የውኃ ምንጭ ደመና በሚባል የሚጠራው ተንሳፋፊው ውኃ መሆኑን ተምረናል፤” ሲል ሊቁ ቁም ነገር አዘል ሀሳቡን ማካፈል ጀመረ።

በቂ የዝናብ ውኃ ለማግኘት

ጥሩ የደመና ሽፋን አስፈላጊ ነው!

ከዚያም ለጥቂት ሰኮንዶች ያህል ዝም ካለ በኋላ ቀጠለና፤ "ተጨንቄያለሁ ምክንያቱም እንደተረዳሁት ደመና የለም ማለት ዝናብ የለም ማለት ነው። እናም ዝናብ የለም ማለት ደግሞ ምግብ አይኖርም፤ በመጨረሻም ህይወትን አስያስቀጥልም። ስለዚህ ለዘላቂ ህልውናችን ሲባል የደመናን መምጫ ማወቅ አለብን፤" አለ።

ውኃ ህይወት ከሆነ

ደመና ህይወት ነው

ነፋስ ህይወት ነው

"ወሳኝ ነጥብ አነሳህ፤" አለ የሊቁ ወንድም በእርጋታ እየተንቀሳቀሰ፤ ከዚያም በመቀጠል፤ "ለሚከተሉት ዋና ዋና ጉዳዮች አስፈላጊ ነው፡

መጀመሪያ

ሁልጊዜ ደመና እንዲኖረን የሚያስችለንን ሁሉንም ነገር መለየት አለብን።

ሁለተኛ

በቂ የደመና ማምረቻ ሀብት እንዳለ ማወቅ አለብን።

ሦስተኛ

ሌሎች አማራጭ የደመና ምንጮች ከአሉ ማጥናት አለብን፤" አለ።

"ሕምም፤ በእርግጠኛነት ልክ ነህ። ምንጩ ለመጪው ትውልድ በቂ መሆኑንም ማረጋገጥ አለብን እና ለረጅም ጊዜ እንዲቆይ ለማድረግ የተለያዩ ወሳኝ እርምጃዎችን መውሰድ አለብን፤" አለ ሊቁ።

ሀገራችን ከከፍታ ላይ ስለምትገኝ

ዝናብ ለሁሉም የውኃ መገኛ

ብቸኛ የውኃ ምንጭ ነው

ሊቁ በመቀጠል፤ "እንደምናውቀው፤ ደመናዎች ውኃን በሰፊው በዝናብ መልክ ይሰጡናል። በዝናብ ወቅት በመሬት ላይ ያሉ የውኃ ሀብቶች ሁሉ ማለትም ምንጮች፣ ጉድጓዶች፣ ኩሬዎች፣ ወንዞች፣ እና ሀይቆችን ጨምሮ ከፍተኛ የውኃ መጠን ያሳያሉ፤" አለ።

በሊቁ ሠፈር ውስጥ ሁሉም የግብርና እንቅስቃሴ በዝናብ ውኃ ላይ የተመሠረተ ነው። በተመሳሳይ፤ መስኖ፣ የውኃ ኃይል፣ የውኃ ላይ ማጓጓዣ፣ የዓሣ ምርት፣ ለቤት ውስጥ የውኃ አቅርቦትና ሌሎች የውኃ አገልግሎቶች እንደዚሁ የዝናብ ውኃ ይፈልጋሉ።

ለዝናብ ውኃ ጥገኛ ነን

የሊቂ ወንድም፣ "እነዚያን አስደናቂ የድሮ ጊዜያት እወዳቸዋለሁ፣ ሁሉም የውኃ ሀብታችን በበጋ ወራት ብዙ ውኃ በነበራቸው ወቅት። ነገር ግን በሚያሳዝን ሁኔታ ከዓመት ዓመት በቂ ውኃ የማቅረብ አቅማቸው እየቀነሰ መምጣቱ ሁሉንም የመንደራችንን ነዋሪዎች እያስጨነቀ ይገኛል። ይህ እንዴት እንደሆነ ማወቅ አለብን ምክንያቱም አሁንም በየዓመቱ ተመሳሳይ መጠን ያለው ዝናብ ውኃ እያገኘን ነው ማለት ይቻላል፣" ብሎ መለሰ።

ሊቂ፣ "እኛ በጣም ከፍተኛ መጠን ያለው የዝናብ ውኃ አለን። ከሆነ የውኃ እጥረት ለምን ይከሰታል?" ብሎ ጮኸ።

"አዎ፣ እዚህ ላይ እየተካሄደ ያለ ድብቅ ሂደት ያለ ይመስለኛል፣ የውኃ እጥረት በተለያዩ ቦታዎች ለምን እንደሚከሰት ማወቅ አለብን። ለአሁኑ የደመና ምንጭን በመለየት ላይ እናተኩር፣ እኛን በጣም ድህ ያደረጉን የተደበቁ ጉዳዮችን ሊያመለክት ይችላል፣" አለ ሊቂ።

ሊቂ ትንሽ ካንሠላሠለ በኋላ፣ "ደመናዎች እንደ አንድ ክፍል ከባድ እና ግዙፍ፣ ተንሳፍፈው ከማይታወቅ ቦታ የሚመጡ መሆናቸው ትኩረት የሚስብ ነው። ሆኖም፣ ማህበረሰባችን የዚህን ሰፊ እና ግዙፍ ሀብት አመጣጥ ማወቅም ይፈለጋል፣" ብሎ ተጨማሪ ሀሳብ አቀረበ።

ደመና ግዙፍ ሀብት ነው

"ሕምም፤ ትክክል ልትሆን ትችላለህ። ነገር ግን ደመና በአየር ላይ ከቦታ ወደ ቦታ እንዴት እንደሚንቀሳቀስ ተረድተናል። በምድር ላይ የሚዘዋወረው አየር የደመና እንቅስቃሴን ያስተናግዳል፤" አለ የሊቁ ወንድም።

ንፋስ ደመናን በማጓጓዝ ሰው መሥራት የማይችለውን ከፍተኛ ሥራ ይሠራል

በመቀጠል፤ "እያስተዋልን ባንሆንም ተንሳፋፊውን የውኃ ሀብት ከአንድ ቦታ ወደ ሌላ በሰፊ የአየር ሥርዓት የሚያጓጉዝ የውኃ አቅርቦት መረብ ሆኖ እያገለገለ ይገኛል፤" በማለት አከሏል።

በዚያን ቀን፤ ሁሉም ቤተሰብ ስለ ማህበረሰቡ ወቅታዊ ጉዳዮች ሲወያዩ፤ "ለምንድን ነው የደመና ምንጭ በቀላሉ የማይታየን?" የሚል አንድ ጥያቄ አዲስ ግንዛቤ ለማግኘት ሊቁ አቀረበ።

ሁሉም የቤተሰብ አባላት በጉዳዩ ለአፍታ አስበውበት ነበር፤ ነገር ግን መልስ ለመስጠት ማንም ዝግጁ አልነበረም።

ከዚያም ሊቁ በአፅንዖት፤ "የደመና አመጣጥ ለምንድን የተደበቀ እና የማይታይ እንደሆነ ለማወቅ ጓጉቻለሁ?" አለ።

ጠቃሚ ፅንሰ-ሀሳቦች ለማግኘት ሊቁ ተገቢ ጥያቄዎችን መጠየቁ አስፈላጊ እንደሆነ ስላወቁ ቤተሰብ አባሎች አንገታቸውን ነቀነቁ።

የማህበረሰቡ መሻሻል የሚመሠረተው የአካባቢ ሚስጥሮችን በመለየትና በመፍታት ላይ መሆኑ ጥርጥር የለውም።

ለለውጥ የአካባቢ ሚስጥሮችን መለየት ያስፈልጋል

አባቱ በጣም ስለተደሰተ በፈገግታ፤ "እሺ፤ እባክህ ስለ ጉዳዩ እያሰብክ ስላለው ነገር የበለጠ ንገረን፤" አለው።

"ደህና፤ ደመናዎች ትናንሽ ነገሮች ቢሆኑ ኖሮ ምንጫቸው የማይታይ ቢሆን ምክንያታዊ ያደርገዋል። ነገር ግን ደመናዎች ብዙ ውኃ የሚሰጡን፤ ይህ እጅግ በጣም ትልቅ መጠን ያለው ነገር አመጣጥ እንዴት ድብቅ እና ሚስጥራዊ ሊሆን ቻለ?" አለ ሊቁ።

"ልክ ነህ፤ ብዙ ሰዎች እንደዚህ ዓይነት ጥያቄዎችን ስለማይጠይቁ እና እንደ ተፈጥሯዊ ስጦታ አድርገው ስለሚቆጥሩት ሚናዎቻችንን ለመለየት እና ለመተግበር ገና ግልፅ መረጃ የለንም። የአየር ንብረት ለውጥ ማለት በየወቅቱ የሚጠበቀው የውኃ መጠን በአንድ የተወሰነ አካባቢ ላይ ሲለወጥ ማለት ነው ብዬ አምናለሁ፤ በሌላ አነጋገር ዝናብ ያማያገኙ በርሃዎች ላይ ከፍተኛ ጎርፍ መከሠት ወይም ዝናብ የሚያገኙ ቦታዎች ደግሞ ድርቅ መሆንን ያካትታል፤" አለ ወንድሙ።

የውኃ እንቅስቃሴ በዓየር ውስጥ ከሌለ አከባቢው ወቅቶችን ሳይቀይር አንድ ዓይነት ወቅት ብቻ ይሆናል።

ስለዚህ ዓየር ላይ ያለው የውኃ መጠን በአካባቢያችን እና ብሎም በአየር ንብረት ውስጥ ዋናው ሂደት ነው።

አዎን፤ ዝናብ የተፈጥሮ ስጦታ ነው። ይሁን እንጂ፤ ሂደቱን መማርና የእሱን ጥቅሞች የሚያስቀጥሉ ትክክለኛ ሥራዎች ተለይተው መወሰን አለባቸው።

ምንም እንኳን የሊቁ ቤተሰቦች ለጥያቄው መልስ መስጠት ባይችሉም፣ አባቱ ይህ ንግግር እንዲቀጥል ፈልጓል።

ከዚያ፤ "ሳይንሳዊ ሂደቶችን በመከተል ሥራ ለመጀመር፤ አካባቢው እንዴት እንደሚሥተጋበር ማወቅ አለብን። በተለይም የውኃ እንቅስቃሴ ለኢኮኖሚው እና ለአየር ንብረት ወሳኝ ሀብት ስለሆነ፤" አለ።

የሊቁ እናት፤ "ትክክል። የውኃውን እንቅስቃሴ ከተረዳን በኋላ ተፈጥሮን የሚጠቅም እና ብዙ ውኃ ለመቆጠብ የሚረዳን ትክክለኛ የምንሠራቸውን ነገሮች ማወቅ እንችላለን። ይህ ግንዛቤ የተቻለውን ያህል ለመጠቀም ይረዳናል፤ ምክንያቱም ሁላችንም ለሁሉም ነገር በአካባቢ ላይ ጥገኛ ነን፤" አለች።

ሁሉንም መሠረታዊ ፍላጎቶቻችንን የምናገኘው ከአካባቢ ነው።

እነርሱም፡-

- አክስጂን፣
- ውኃ፣
- የፀሀይ ሙቀትና ብርሃን፣
- ምግብ፣
- መጠለያና
- ልብስ ናቸው።

"እናታችሁ ትክክል ነች፤ አካባቢውም ውኃ ይፈልጋል። በአካባቢው ውኃ ከሌለ ህይወት አይኖርም። ውኃ የመቅዳት ሀላፊነት ስላለባት ይህን ለመረዳት ለአካባቢው ቅርብ ነች፤" በማለት የሊቁ አባት መለሰ።

ከትንሽ ዕረፍት በኋላ የሊቁ አባት በመቀጠል፤ "ስለ አካባቢው ብዙም እንዳልገባን አምናለሁ። በእሱ ላይ ጥገኛ ስለሆንን ሂደቶቹን መረዳት አለብን። በዚህም ትክክለኛውን ማድረግ ያለብንን ነገር ማወቅ የስችለናል። እርግጠኛ ነኝ የምግብ ምርትን የበለጠ ውጤታማ የሚያደርጉ የአካባቢ ጥበቃ መሥፈርቶችን እንድናሟላ ይረዳናል ብዬ አምናለሁ፤" አለ።

አባቱ እንደገና በረዥሙ ከተነፈሰ በኋላ፣ "በእርግጠኝነት ሀብታም ያደርገናል፣ ጤናማ ያደርገናል እናም ህልውናችንን ያዘልቅልናል

ማለት እችላለሁ። የዓሥር ዓመት ልጅ ሳለሁ፤ መንደሩ በማይታመን ሁኔታ ከፍተኛ ሀብት እንደነበረው አስታውሳለሁ፤" አለ።

ከሠላሳ ዓመታት በፊት አካባቢው ከፍተኛ የተፈጥሮ ሀብት ነበረው

የሊቄ እናት ተስማማችና፤ "የውኃ ሀብቱንና እፅዋትን በተለያዩ የመሬት መልሶ ማቋቋም ሥራዎች ለመመለስ ሁሉም ሰው ትክክለኛውን ነገር ማድረግ አለበት ብዬ አምናለሁ፤" አለች።

ሊቄ ወላጆቹ በጥናቱ ሂደት ውስጥ በመሳተፋቸው እያደነቀ፤ "አመሰግናለሁ፤ አባባና ማማ፤ ልክ ናችሁ፤ እንደዚህ ያሉትን ክፍተቶች መረዳታችሁ በጣም ጥሩ ነገር ነው፤" አለ።

ከዚያም ፊቱን ወደ ወንድሙ አዞሮ፤ "ለዚህም ነው ሁላችንም በጋራ እንድንሰራ፤ የተፈጥሮ ሂደቶችን ለመረዳት እና መርሆችን ለመወሰን የተቻለንን ሁሉ እየሞከርን ያለነው፤" አለ።

አካባቢን ወደነበረበት መመለስ የሚችሉ መርሆዎች መሠረታዊ ናቸው። እነዚህ መርሆዎች ምንና ምን ናቸው? መለየት ያስፈልጋል።

የጋራ መርሆዎች ለዕድገት ያስፈልጋሉ

በሊቁ የቤተሰብ አረዳድ፤

መርህ ማለት፡-

- ***ለለውጥ መሠረት ሆኖ የሚያገለግል የማይነቃነቅ እውነት ማለት ነው።***
- ***ዕድገት የሚያስመዘግብ የሥነ-ምግባር ደንብ ነው።***
- ***ማህበረሰቡን ለእውነተኛ ለውጥ የሚመራ ህግ፣ ዕምነት ወይም ሀሳብ ነው።***
- ***ሁሉም መርሁን ሲከተል ለከፍተኛና አስተማማኝ ውጤት በዘላቂነት ኢያስመዘገበ የሚያስገሰግስ ንድፍ ነው።***

አባቱ በተጨማሪ፤ “ሊቁ፣ እባክህን የመመርመር ጥረታችሁን ቀጥሉ፤ እስካሁን በደንብ ያልተገለፁትን ባህላዊ መርሆቻችንን ለማዘመን ይረዳናል ብዬ አምናለሁ። እንደምታውቁት በአርሶ አደሩ ጥረት የሚገኘው ውጤት የማህበረሰቡን ፍላጎት ለማርካት በቂ አይደለም። ለአሁኑ፤ የደመናው ምንጭ መታወቅ አለበት። ለዚህም ከእኛ ምን ድጋፍ እንደምትፈልጉ አሳውቁኝ፤” አለ።

የሊቁ አባት አኗኗራቸውን ለማዘመን የሚያስችል የተሟላ መርሆችን ማወቅ ይፈልጋል።

"ለመለየት የተቻለንን ሁሉ እንሞክራለን፤" አለ ሊቁ።

ሊቁ ጥረቱን የሚደግፍ ነገር አባቱ የሚጠብቁት ምኞት ሆኖ በመስማቱ በጣም ተደስቶ ነበር።

በእንደዚህ ዓይነት ጠንካራ ድጋፍ መታጀቡ፤ ሊቁ መሠረታዊ መርሆችን ለማቅረብ የበለጠ እንዲጓጓ አድርጎታል።

ሊቁ በትክክለኛው አቅጣጫ ጉልህ እርምጃዎችን ይከተላል

እኛስ?

በመንደሩ ውስጥ ሁሉን አቀፍ የአስተዳደር ሥርዓት እስኪያዳብር ድረስ ደረጃ በደረጃ መንገዱን እንዲከተል ያስችለዋል። ወደዚያ ግብ የሚያደርሱትን፤ ሌሎች አዳዲስ ሀሳቦችን በተገቢው ጊዜ በኋላ ለመጠቀም ሁሉንም ነገር እየመዘገበ ይገኛል።

ሊቁ ትንሽ ዝም ብሎ ከዚያ፤ ”ውኃ ከሰማይ ከሩቅ እየወረደ ስለሚመጣ፤ ስለ ደመና ምንጭ የምገምተው ከእሱ በላይ የሆነ ቦታ ላይ ነው። ምክንያቱም ውኃ ወደላይ ሊፈስ ስለማይችል መነሻውን በቀላሉ ማየት የማንችለው ለዚህ ነው፤” አለ።

ምርመራ ከደመና በላይ

በሚቀጥለው ቀን፤ ሊቁ ወንድሙን በድጋሜ ጠየቀው፤ “ከመጀመሪያው እንጀምር፣ እና ይህን ከዚህ በፊት እንደጠየቁህ አውቃለሁ፣ ግን ያንን እንደገና መቃኘት አለብን። ደመናዎቹ ከየት ይመነጫሉ?”

ወንድሙ ትከሻውን ነቀነቀ ከዚያም፤ "በእርግጠኝነት ከሌሎች ፕላኔቶች አይደለም!" አለ።

ሊቁ ከጠበቀው ተቃራኒ ስለሆነ ሳቅ አለ።

የሊቁ ወንድም፤ "የደመና አመጣጥ መረጃ ለማግኘት ከደመናው በላይ አፅናፈ ዓለሙን እንመርምር። ምንም እንኳን በሮኬት መጓዝ ባንችልም ከትምህርት ቤት፣ ከአየር ሁኔታ ስነ-ልክ ዜና እና ከመጽሐፍት ያገኘነውን ዕውቀት መጠቀም እንችላለን፤" አለ።

ሀሳቡን በደንብ ለማብራራት፤ ፀሀይ እና ፕላኔቶችን፤ ምድርን ጨምሮ በንድፍ አሠፈረ።

"ሌላ ሀሳብ የምጨምረው! በሬዲዮ የምንሰማውን እየመዘገብን እንያዝ፤" በማለት አስተያየቱን ገለፀ።

ከዚያም፤ በሬዲዮ አማካኝነት ደመና ምንጭን ስለሚያካትት የአየር ሁኔታ ሥነ-ልክ ዜና ለመስማት ሞክረዋል። ይሁን እንጂ፤ ከአየር ሁኔታ ትንበያ በስተቀር ስለ ደመና አመጣጥ ቀጥተኛ መረጃ አይቀርብም ነበር። እነሱም በዋናነት የሚጠበቀው ዝናብ ይዘት፣ የሙቀት መጠን፣ የንፋስ አቅጣጫ፣ የንፋስ ፍጥነት፣ ነጎድጓድ፣ የደመና ሽፋን መጠን፣ ወዘተ ነው። ነገር ግን አንድ ነገር ትኩረታቸውን ስቧል፡ ብዙ ጊዜ ሬዲዮው ነፋሱ የሚጀምርበትን የውቅያኖስ ስም ይጠቅሳል። ህንድ ውቂያኖስን።

ደመና አዘል ንፋስ

ከውቂያኖስ ይጀምራል

የሊቁ ወንድም፤ "ስለ ምድርና ስለሌሎች ፕላኔቶች ስላላቸው ንጥረ ነገሮች ማወቅ ለእኛ አስፈላጊ ነው። ነገር ግን የፀሐይ ኃይል በርካታ

ተግባራትን የሚያከናውን በአየር አማካኝነት ሳይጓጓዝ ከፀሐይ ወደ መሬት በቀጥታ እንደሚተላለፍ ያለንን ግንዛቤ ግልፅ ማድረግ አለብን፤" አለ።

የሊቁ ወንድም በተጨማሪ፤ "አየር ምድርን የከበበ መሆኑን ስለምናውቅ፤ ያ ማለት ደግሞ ወደ ሌሎች ፕላኔቶች የተዘረጋ ማለት አይደለም። በሌላ በኩል፤ ፕላኔቶች ሩቅ ናቸው፣ እና በዛ መካከል ደመናን ከፕላኔቶች ወደ ምድር የሚያስተላልፍ አየር የለም። ስለዚህ፤ እንደ ብርሃን ሳይሆን፤ በአየር ተያይዞ የተፈጠረ ግንኙነት ስለሌለ ደመና ከሌሎች ፕላኔቶች ወደ ምድር መጓዝ አይችልም። በዛ ላይ፣ ሌሎች ፕላኔቶች እንደ ምድር ያለ ከባቢ አየር የላቸውም፤" አለ። ከዚያም ሀሳቡን ለማስረዳት የመጨረሻ ንድፎችን ሥሎ አሳየ።

"በየትኛውም አቅጣጫ ደመናዎች በአየር ውስጥ እንደሚንቀሳቀሱ እናውቃለን። አየር በምድር ዙሪያ ብቻ እንዲዘዋወር የሚያደርገው ምንድን ነው?" በማለት ሊቁ ጠየቀ።

"የመሬት የስበት ኃይል። ምንም እንኳን አየር ቀላል ቢመስልም በጣም ከባድ ነው፤ የስበት ኃይሉ በሚገባ ስቦ ለመያዝ ያገለግላል። ሌላም ምክንያት ሊኖር ይችላል ብዬ አስባለሁ ለምሳሌ ከፍተኛ ዝናብ የሚሰጠንን ደመናን መሸከሙ አየር እሱን ጨምሮ ከባድ የደርገዋል፤" በማለት የሊቁ ወንድም መለሰ።

ቢንሳፈፍም ደመና በጣም ከባድ ነው

"ያ ማለት ሌላ ያልተረዳነው አዲስ ሀብት ነው፤ የስበት ኃይል። እዚህ መሬት ላይ ባይኖር ኖሮ አየር እና የዝናብ ውኃ አናገኝም ነበር፤ ከዚያ በተጨማሪ የስበት ኃይሉ ከደመና እርጥበት ማሰባሰብ ሂደት በኋላ የውኃ ጠብታዎችንም ወደ ምድር በመሳብ ዝናብን ያዘንባል፤" አለ ሊቁ።

የመሬት የስበት ሀይል

ለዝናብ መዝነብ ያገለግላል

ተፈጥሮ የአየር እና የውኃ አቅርቦትን ለማሳካት የስበት ኃይልን ይጠቀማል። በተመሳሳይ መልኩ ይህንን ሀብት ለተለያዩ ዓላማዎች በብቃት ልንጠቀምበት ይገባል።

ለአብነትም የኤሌክትሪክ ኃይል በማመንጨት፣ በውኃ መዝናኛ ቱሪዝምን በማስፋፋት፣ የሰብል መሬቶችን በመስኖ በማልማት፣ እና ውኃ ማጠራቀምን መጥቀስ ይቻላል።

ሊቁ ወንድሙ ባደረገው ቅኝት ተማረከና፤ "አዎ፤ ያ ማለት ደመና ከሌላ ፕላኔት ሊመጣ ይችላል የሚለውን ንድፈ ሀሳብ ውድቅ ማድረግ እንችላለን ማለት ነው። ይህም ወደ መጀመሪያው ጥያቄ ይመራናል። በምድር ላይ ከቦታ ቦታ ለመንቀሳቀስ ደመና ነፋስ እንደሚያስፈልገው እናውቃለን። ሆኖም ከዚህ በፊት እንደተጠቀሰው ነፋሱ እንዲከሰት የተወሰነ ምክንያት መኖር አለበት፤ " በማለት ተስማማ።

አየር በሚንቀሳቀስበት ጊዜ ነፋስ ይፈጥራል

ወንድሙ አስደናቂ የሆነ የእውነታ ግንዛቤ ነበረው። "ከአንድ ምድረ-ገፅታ ቦታ ወደ ሌላ ቦታ መሸጋገር እንዲጀምር በአየር ላይ ተፅዕኖ በሚያሳድሩ ሌሎች ነገሮች ላይ ማተኮር አለብን ብዬ አስባለሁ። በአየር ውስጥ ያሉ የሙቀት ልዩነት ለነፋስ መከሰት ወሳኝ ምክንያቶች እንደሆኑ እናውቃለን።"

በመቀጠልም፣ "የሞቀ አየር ቀላል ስለሚሆን በፍጥነት ወደ ላይ ይወጣል። በሌላ በኩል የተለቀቀውን ክፍት ቦታ ለመያዝ ቀዝቃዛው አየር ወደ ጎን ይንቀሳቀሳል፣ እናም አየሩ መንቀሳቀስ ይጀምራል፣ በዚህም ነፋስ ይፈጥራል። የሙቀቱ ምንጭ ፀሀይ ስለሆነ የፀሐይ ኃይል ነፋስን ይፈጥራል ማለት ነው፣" አለ።

የፀሀይ ሙቀት ኃይል አየርን ያንቀሳቅሳል

ሊቁ፣ "ትክክል ነው እስማማለሁ፣ ይህን ሂደት በዓይን ማየት ባንችልም አየር ሲንቀሳቀስ በቆዳችን ላይ ሲነፍስ ይሠማናል፣" አለ።

ነፋስ በዓለም ዙሪያ ያለማቋረጥ የሚከሰት እጅግ በጣም ከፍተኛ መጠን ያለው ሂደት ነው። ውኃ ሕይወት ቢሆንም፣ ነፋስ ባይኖር፣ ደመና አይኖርም፣ ከዚያም ዝናብ አይኖርም! ዝናብ የለም ማለት ውኃ የለም!

"በሙቀት ልዩነት መሠረት አየር በማንኛውም አቅጣጫ በቀላሉ ይንቀሳቀሳል፣" የሊቁ ወንድም አለ ከዚህ በፊት የተወያዩበትን እንዲያስታውስ።

"ደመናዎች በምድር ዙሪያ በአየር ውስጥ እየተዘዋወሩ ነው ማለት ነው?" አለ ሊቁ።

"ትክክል ነው፣ ምድርን የከበበው አየር ከባቢ አየር በመባል ይታወቃል፣ ይህም ምድርን ልዩ ፕላኔት ያደርገዋል። ስለዚህ አንተ እንዳልኸው አሁን ጥያቄው አዲሶቹ ደመናዎች በአየር ውስጥ ከመሆናቸውና ከመታየታቸው በፊት ከየት መጡ ነው ጥያቄው፣" በማለት የሊቁ ወንድም ጥያቄውን በይበልጥ ጠይቋል።

"በዝናብ ወቅት ሁሉም ደመናዎች ሙሉ በሙሉ እንደማይጠፉ አውቃለሁ። ከዘነበ በኋላም ደመናን ማየት እንችላለን፣ እና በኋላ ነፋሱ የተረፈውን ወደ ሌላ ቦታ ይወስዳል፣" በማለት በተጨማሪ ገልፆታል።

ሊቁ ጥቂት ጊዜያት ከአንሠላሠለ በኋላ፣ "ሕምም፣ ነገር ግን፣ ከዘነበ በኋላ የቀነሰውን የደመና መጠን ብናውቅ ጥሩ ነበር። በሚወድቀው ውኃ መጠን ያህል የደመናው መጠን በትክክል ይቀንሳል። ስለዚህ የግድ የሚዘንበው ውኃ በጣም ከፍተኛ ስለሆነ ሁሌም ተቀናሽ ደመናዎችን ለመተካት ሰፊ የውኃ ምንጭ መኖር አለበት፣" አለ።

የዘነበውን ደመና ለመተካት ሠፊ ውኃ ሀብት ያስፈልጋል

ሊቁን ካዳመጠ በኋላ ወንድሙ ውይይቱን በመቀጠል። "ስለ ሌሎች ፕላኔቶች የአካባቢ ሁኔታ ሌላ ሀሳብ አለኝ አለ፤ ሌሎች ፕላኔቶች የፀሐይ ብርሃን ያገኛሉ፤ ነገር ግን ውኃና አየር የላቸውም። ውኃ ህይወት ነው፤ ስለዚህ ማንኛውም ህይወት ያለው ነገር በእነሱ ላይ ሊኖር አይችልም። እንዲሁም ውኃ ብቻውን ህይወትን ለማስቀጠል በቂ አይደለም፤ አየር ለመተንፈስ እና ደመናን ለማጓጓዝ ሌላ አስፈላጊ ወሳኝ ነገር ነው፤" አለ።

ዓየር ሲነፍስ ሥራ የሚሰራ ሀብት ነው

ሊቁ ፀጥ ከአለ በኋላ ከዚያም፤ "ይህ ማለት አየር ውኃ ማጓጓዙን ተማርን፤ ነገር ግን የተንሳፋፊውን ውኃ ምንጩን ማወቅ በጣም ጥሩ ነጥብ ነው፤ ግባችን ላይ ለመድረስ በጣም አስፈላጊ ነው፤" አለ።

የሊቁ ወንድም በሌሎች ፕላኔቶች ላይ ያለውን ምልከታ በመቋጨት፤ "በእኛ ጥናት መሠረት ደመና ከምድር በቀር ከየትም አይመጣም ማለት እንችላለን። ስለዚህ በራሳችን ፕላኔት፤ ምድር ላይ ያለውን የደመናን ምንጭ የበለጠ እንመርምር፤" አለ።

ሊቁ፤ "የደመና ምንጩ ከሥራቸው ነው፤ ከሆነም ከየት ነው የሚመነጨት እና እንዴት?" ብሎ ጮኸ።

ወንድሙም፤ "እንደዚያ እገምታለሁ! ምንም እንኳን ለማመን ቢከብድም አማራጭ የለንም። ስለዚህ ልንቀበለው ይገባል!" አለ።

ከፕላኔቶች፣ ጨረቃና ፀሀይ የሚገኙ ሀብቶች ጠቃሚ ናቸው

ሊቁ ተስፋ ላለመቁረጥ፤ "ምድር በሌሊት ከጨረቃ እና በቀን ከፀሀይ ብርሃን ታገኛለች። ፀሀይ የፀሀይ ኃይል በመባል የሚታወቀውን ብርሃን እና ሙቀት ይሰጠናል። ለኤሌክትሪክ፣ ለንጥረ-ነገር ምንጭ፣ ለተክሎች ምግብ ማዘጋጃ ሂደት እና ሙቀት ለማግኘት ዓላማ ያገለግላል፤" በማለት ስለተዘረዘሩት ጉዳዮች ተናገረ።

በተጨማሪም፤ "ብርሃን የተለያዩ ነገሮችን ለማየት በጣም አስፈላጊ ሀብት ነው፤ ቀን በፀሀይ ብርሃን ምክንያት ነው የሚፈጠረው፤ እና ማታ ደግሞ የፀሀይ ብርሃንን ማግኘት በማንችልበት ጊዜ የሚፈጠር የሚመስለን ግን ሁሌም ያለ ነገር ነው። በሌላ አነጋገር የፀሀይ ብርሃን ከሌለ ቀን ሊኖር አይችልም፤" በማለት አብራራ።

የሊቁ ወንድም፤ "በጣም ዕውቀት አለህ፤" ብሎ አደነቀና፤ "ፀሀይ ለእኛ እና ለአካባቢው እጅግ በጣም ከፍተኛ ሀይልን ትሰጠናለች። የዚህ ሀብት ጥሩ ነገሩ ለመጓጓዝ ምንም አይነት ነገር አይፈልግም። ነገር ግን፤ ጥጥር ነገሮች ሊያግዱት ወይም መጥጠው ሊያስቀሩት ይችላሉ። በሌላ በኩል፤ እንደ ቁሳቁሶቹ ወለል መለስለስነትና ቀለምነት አኳያ መልሰው የተወሰነውን በማንፀባረቅ ሊመልሱት ይችላሉ፤" በማለት ገለፀ።

በጉዳዩ በመቀጠል፤ የሊቁ ወንድም፤ "የፀሀይ ሀይል ሀብትን በብዙ መልኩ መጠቀም ልማትን በዘላቂነት ለማስቀጠል የሚያስችሉ ብዙ ጠቀሜታዎች አሉት። ንፁህ የሀይል ምንጭ ነው ምክንያቱም እሱን በመጠቀም ወደ አየር ምንም የጭስ ልቀት ስለሌለው፤ የፀሀይ ብርሃን እስካገኘን ድረስ ስለማይቋረጥ ታዳሽ የሀይል ምንጭ ነው። አጠቃቀሙ ወደ አየር የካርቦን ልቀትንም ያስቀራል። ይሁን እንጂ፤ የኤሌክትሪክ ኃይል ለማመንጨት በዋናነት ልንጠቀምበት ይገባል። ከዚያም ለተለያዩ ዓላማዎች ማለትም ለመብራት፣ ለማብሰያ፣ ለግንባታ፣ ለኢንዱስትሪ፣ ለመጓጓዣ፣ ለባትሪ መሙላት፣ ወዘተ ያገለግላል፤" አለ።

ለማብሰያ፣ ለኢንዱስትሪዎች፣ ለመጓጓዣ እና ለመሳሰሉት የፀሃይ ሃይል መጠቀም ጭስ ስለማይፈጥር፣ አስተማማኝ የሀይል መገኛና ዘላቂነት ያለው በመሆኑ ጠቃሚ ያደርገዋል። አካባቢው ንፁህ አየር እንዲያገኝ ያግዛል፣ ይህም ደመናን ለማረጋጋት፣ እና ዝናብን ለማዝነብ ያግዛል። ደን መጨፍጨፍን ስለሚቀንስ የደን ሽፋን እንዲጨምር ያደርጋል። ይህም ደኖች በአየር ውስጥ የሚገኘውን ካርቦን የሚባል ንጥረ-ነገር ስለሚጠቀሙበት አየሩን ያፀዱታል። ይህም አየርን የበለጠ ስለሚያቀዘቅዝ ደመናን ያረጋጋል። ደመና ከተረጋጋ ዝናብ ይሆናል።

ፀሀይ ሀይልን መጠቀም ውኃ አቅርቦትን ያሳልጣል

ከዚህ ምርመራ በኋላ፤ ሊቁ መንደራቸው በፀሀይ ሃይል ሀብታም መሆኑን ተረድቷል። ለረጅም ጊዜ ዝም ካለ በኋላ፤ "የእኛ

ማህበረሰብ የፀሀይ ሀይልን መጠቀም ላይ ካተኮረ፤ እንዴት ሀብታም እንደምንሆን አስቡት፤" አለ።

ፀሀይ ባትኖር ኖሮ ምድር በጨለመችና በቀዘቀዘች ነበር። ሊቁ ምንም የሙቀት ኃይል ከፀሐይ የማይገኝ ቢሆን ኖሮ ሁሉም ነገር በረዶ እንደሚሆንና የዝናብ ሥርዓት እንደማይኖር አውቋል። ይህንንም ለማረጋገጥ የፀሀይ ብርሀን በማናገኝበት በሌሊት ጊዜያት ይበርዳል። ሁልጊዜ በማለዳ ፀሐይ ምድርን ማሞቅ ትጀምራለች። ሌሊቱ አንድ ሳምንት ዕርዝመት ቢኖረው ሁሉም ነገር በረዶ ይሆናል ማለት ነው።

ይሁን እንጂ፤ እንደ ፀሐይ ለመሬት ካለው አቀማመጥ፤ በተለያዩ ቦታዎች የተለያየ የሙቀት መጠን እናገኛለን። ይህም የተለያዩ ወቅቶችን በመፍጠር ያበረክትልናል። በአብዛኛዎቹ ሁኔታዎች ዓማካይ የሙቀት መጠን በዓለም ሙቀት መጨመር ምክንያት እየተለዋወጠ ይገኛል።

መሬት መዟዟሯ የፀሀይን ብርሃን ለማዳረስ ሲሆን ይኼም ቃጠሎን ወይም በረዶነትን ይከላከላል

ከአጭር ዕረፍት በኋላ ቀጠለ፤ "ብታምኑም ባታምኑም፤ በፀሀይ ሀይል ቁጥጥር ሥር ነን። ትክክለኛውን ነገር እስካላደረግን ድረስ፤ ማምለጫ ቦታ የለንም የሰደድ እሳትና የጎርፍ መንስኤ መሆን ስለሚችል። ለዓለም ሙቀት መጨመር፤ የሙቀቱ ምንጭ ፀሀይ ነው፤ ስለዚህ የተሻለውን የዓለም ሙቀት መጠን ማስቀጠል የኛ

ፈንታ ነው። በነገራችን ላይ፣ የፀሀይ ሀይልን በብቃት እየተጠቀምን ነውን?" በማለት በመጨረሻ ሊቁ ወንድሙን ጠየቀ።

"እስካሁን የለም፣ ነገር ግን፣ ትኩረት ልንሰጠው የሚገባን ለአካባቢ ጥበቃ ተስማሚ የሆነ የኃይል ምንጭ ነው። የህብረተሰባችንን ኑሮ ለማሻሻል ካቀድን ከመልካም ዕድሎች አንዱ ነው፣" አለ ወንድሙ።

ለተስማሚ የአየር ንብረት
የፀሀይን ሙቀትን መቆጣጠር

"ጨረቃን ጨምሮ የሌሎች ፕላኔቶች ጥቅምስ?" በማለት ሊቁ ጠየቀ።

ውንድሙም፣ "ምድርን ባለችበት ቦታ ሁሌም እንድትቆይ የሚያደርግ የሥበት ሀይል ከእያንዳንዱ ፕላኔትና ከዋክብት የተዋጣ ሊሆን ይችላል። ነገር ግን፣ ልክ እንደ ፀሀይ ብርሃን ሀይል ግልፅ የሆነ የሀብት ልውውጥ እስካሁን ከሌሎች ፕላኔቶች አልታወቀም። ከፕላኔቶች ሌላ ጨረቃ የኤሌክትሪክ ኃይል ማመንጨት የሚያስችል ማዕበል በመፍጠር በውቅያኖሶች ላይ ትልቅ ሚና ትጫወታለች። ሆኖም ከጨረቃ የተገኘ ሀብት ሆኖ ቢመዘገብም ገና በስፋት አልተሰራበትም።"

ከጥልቅ ውይይት በኋላ፣ ከራሱ ከምድር በቀር ከሌሎች የአፅናፈ ሰማይ ክፍሎች የሚጠበቁ ደመናዎች ሊኖሩ አይገባም ብለው በመጨረሻ ደመደሙ። "ስለዚህ ምድርን በሚገባ መፈተሽ ያስፈልጋል፣" አለ የሊቁ ወንድም።

ሊቁ በማጠቃለያው ተስማማ።

የደመና ምንጭ እንዴት ከደመና በታች ሆነ

በጉዳዩ ላይ የበለጠ ካንሠላሠሉ በኋላ፤ ሊቁ፤ "ሕምም። ደመናዎች እጅግ በጣም ብዙ የውኃ መጠን ስለሚሰጡን ምንጩ ምናልባት በምድር ላይ ካለ ሰፊ የውኃ አካል እየተቀዳ የሚወጣ ይሆናል። ይህ ከሆነ ያለዕጥረት ከፍተኛ የሆነ የደመና ሽፋን ሊኖር ያስችላል፤" በማለት የመጀመሪያ ሀሳቡን ገለፀ።

የሊቁ ወንድም ስለዚህ ጉዳይ፤ "በተለያዩ የዓለም ቦታዎች ላይ የሚዘንበውን የዝናብ መጠን ግምት ውስጥ በማስገባት ደመናዎች ምን ያህል ግዙፍ እንደሆኑ አስብ፤" በማለት መለሰ።

"ትክክል ነው፤" አለ ሊቁ፤ ከዚያም፤ "ምንም እንኳን የዝናብ ውኃን ሙሉ በሙሉ መሰብሰብ ባንችልም ምክንያቱም መንደራችንን ጨምሮ በብዙ ቦታዎች የጎርፍ መጠኑ በጣም ብዙ ስለሆነ፤ ደመናው ምን ያህል በጣም ከባድ እንደሆነ ግን መገመት እንችላለን፤" በማለት ተናገረ።

ደመና እጅግ
በጣም ከባድ ነው

"ስለዚህ፣ ደመና ከምድር የሚመጣ ከሆነ፣ ይህ ከፍተኛ መጠን ያለው ውኃ እንዴት መነሳት እንደሚቻል? ብሎም ደመናዎችን ከላይ እንዴት እንደሚመሠርት በጥያቄ ልናነሳው እንችላለን። ውኃ ወደ ላይ መንቀሳቀስ አይችልም፣ ከፍተኛ መጠን ያለውን ውኃ ወደ አየር ለማውጣት የኤሌክትሪክ ሀይል ሊኖር ይችላል ብዬ አስባለሁ፣ ደመና ማየት ከምንችልበት ከፍ ያለ ቦታ ላይ የሚያደርስ፣" አለ ሊቁ።

"ደመናን ለመፍጠር የተለያዩ ሀገራት የኤሌክትሪክ ሀይል የሚጠቀሙ አይመስለኝም። ደመናን ወደ ዝናብ የሚለውጥ ማለትም የደመና ማሰባሰብ ዘዴ በቀር ሰምቼ አላውቅም፣" ቀጠለና፣ "ምክንያቱም ታዋቂ እና ትልቅ ፕሮጀክት ስለሚሆን ዜናው ወደ እኛ ይደርስ ነበር፣" አለ የሊቁ ወንድም።

"እሺ፣" አለ ሊቁ፣ ከዚያም፣ "ስለዚህ ደመና የሚፈጥረው ውኃ የሚነሳው በምድር ላይ ከሆነ የሀይል ምንጩን ማወቅ አለብን፣" በማለት እንደገና ጠየቀ።

ሊቁ ንግግሩን ቀጠለ፣ "እምም፣ ከምድር ላይ የሚነሳ ከሆነ፣ በዋነኝነት የሚጀምረው ከየት ነው እና በምን አይነት መልኩ ነው? ለግዙፉ ደመናዎች መፈጠር፣ ልክ ልትሆን እንደምትችል አስባለሁ። ከፍተኛ መጠን ያለው ውኃ በፓምፕ ለማውጣት ብዙ ወጪ ይጠይቃል። ከዚያ በተጨማሪ፣ በዓለም ዙሪያ ያለውን ሰፊ ዝናብ

ለመፍጠር ውኃ የሚያቀርብ ከፍተኛ የሆነ የውኃ ሀብት መኖር አለበት፤" አለ።

ውኃ በፓምፕ ለመቅዳት የሚያስፈልገው ሀይል ከፍተኛ መሆን ስላለበት ወንድሙ ራሱን ነቀነቀ። ለብዙ ቀናት ሲወያዩ እና መገኛውን ሲመረመሩ ቆዩ፤ ምንም እንኳን ከሌሎች ፕላኔቶች ምንም የውኃ ሽግግር እንደሌለ ቢያረጋግጡም በጥርጣሬያቸው ብቻ ነበር የቆሙት። እስካሁን ድረስ፤ ደመናዎች መጀመሪያ ላይ የት እና እንዴት እንደሚጀምሩ ምንም ፍንጭ አላገኙም።

"ለዚህ መልስ ባገኝ ምኞቴ ነበር። ለምንድነው ይህ ግዙፉ ሂደት የማይታይ እና ሚስጥራዊ የሆነው? ማለቴ፤ ማንም ሰው የመጀመሪያውን ከፍተኛ መጠን ያለውን የውኃ መተላለፍ በቀላሉ ማየት አይችልም፤" ሲል አባቱ ወደ ክፍሉ እየገባ እያለ ሊቁ ጠየቀ።

ደመና ግዙፍ ሆኖ

ምንጩ ለምን ተደበቀ

"ከእኛ የተደበቀ ስለሆነ፤ ተስፋ ማደርገው፤ ይህ ባህሪ የአየር ንብረት ለውጥን ለመቅረፍ እና የኢኮኖሚ ቀውሳችንን ለመፍታት ጠቃሚ ትምህርት ሊሆን ይችላል፤" በማለት የሊቁ አባት መለሰ።

"አዎ፤ አካባቢያዊ ቀውስን ለመቀነስ እና ዕድገትን ለማስፋፋት የለውጥ መንስሔ ሊሆን ይችላል። ሕምም፣ ለአካባቢ የሚያገለግለውን እጅግ በጣም ብዙ አካል ለሆነው ደመና መነሻው

ሚስጥራዊ ነው። ያ እንዴት ሊሆን ቻለ?" ሊቁ በማጋነን ደግሞ ጠየቀ።

ሚስጥራዊ ሂደቶች ለዕድገት ወሳኝ ናቸው

የደመና አመጣጥን መመርመር የሊቁ መንደር እስካሁን ለድህነት የዳረገውን ሚስጥር ያለጥርጥር ይገልፃል ተብሎ ተስፋ ተጥሏል።

የሊቁ ወንድም፤ "ይህ ግዙፍ የሀብት ምንጭ ሚስጥራዊ ቢሆንም፤ ምንጩ ሰፊ እና ትልቅ መጠን ያለው ውኃ መሆን አለበት። ተገቢውን ውኃ ለመቅዳት የሚያስችል፤ ይህም በመላው ዓለም ከሚወድቅ ውኃ ጋር መጠኑ እኩል ሊሆን የሚችል ማለት ነው፤" በማለት መለሰ።

ከሚዘንበው መጠን አኳያ የደመና መገኛ ሠፊ ውኃ ሀብት መሆን አለበት

"ትክክል መሆን አለበት!! ታዲያ፤ መነሻው ለምን ሚስጥራዊ ሆነ እና ለምን ደመና ከመሆኑ በፊት በቀጥታ በዓይን አይታይም?" አለ ሊቁ እራሱን አሁንም እንደገና በመጠየቅ።

ለረጅም ጊዜ ዝም አለ። ይህንን ድብቅ ሂደት በማህበረሰብ ደረጃ መረዳቱ ትልቅ ጠቀሜታ አለው ብሎ ያምናል። በዋናነት ለመማር ሲሆን ብሎም ድህነትን ለመዋጋት እና በአጠቃላይ የአየር ንብረት ለውጦችን የሚቀንስ ትክክለኛውን ነገር ለማድረግ ነው። ቤተሰቡ የተንሳፋፊውን ውኃ አመጣጥ የሚያሳዩ ግልፅ ማስረጃዎች ማግኘት አስፈላጊ መሆኑን በአፅንዖት ገልፀውለታል።

የሊቁ አባት፤ "ቀደም ሲል እንዳልኩት በተረጋገጡ እውነታዎች እንድንስማማ እና ትክክለኛውን ነገር እንድንሰራ ይረዱናል፤ በዚህም ሀብቶችን ማከማቸት እንችላለን። በዛ ላይ፤ ስልጣኔያችንን ከፍ ያደርጋል እና የአየር ንብረት ለውጥን ለመቀነስ ሚናችንን ያሳድጋል፤ " አለ።

የሊቁ የምርመራ ጥረትን ለማጠናከር፤ ሁሉም የቤተሰብ አባላት ከሰማይ በነፃነት ስለሚወድቀው ሚስጢራዊ ውኃ የበለጠ ለማወቅ ሁሌም በየውይይቶች ይሳተፋሉ።

ቤተሰቡ ምግብ ለማምረት እና ተጨማሪ ገንዘብ ለማግኘት ዝናብ ዋና የውኃ ምንጭ መሆኑን ያምናሉ። በዚህ ግንዛቤ፤ የዝናብ አያያዝ የምር ትኩረት እንደጎደለው ድምዳሜ ላይ ደርሰዋል።

የዝናብ ሀብት
ትኩረት አላገኘም

የሊቁ አባት ለሁሉም የቤተሰብ አባላት፤ “የተፈጥሮ ሥርዓትን በደንብ እንድንረዳ ይረዳናል ብዬ ስለማምን የበለጠ ይመርምሩት።

ለዘላቂ ህልውናችን መሠረት የሆኑትን ሀብቶቻችንን ገና በግልፅ አልለየንም እና አልተረዳንም ብዬ አምናለሁ፤" ካለ በኋላ ዝም አለ።

ቀጥሎም በረዥሙ ከተነፈሰ በኋላ፤ "ሂደቱ ካሳመነን በትክክለኛው ጊዜ ትክክለኛውን ነገር ማድረግ እንችላለን። የዝናብ ውኃን ሁሉን አቀፍ በሆነ መልኩ ለማስተዳደር አዲስ ዕቅድ እንዲኖረን ያስችለናል። እንዲሁም ምን ማድረግ እንዳለብን እና ቅድሚያ የምንሰጠውን ነገር ሊመራን ይችላል። በአካባቢ ቅኝት ጥናታቸው ብዙ ጠቃሚ መረጃዎችን እና አስተምሮቶችን እጠብቃለሁ፤" አለ።

ቤተሰቡ በሙሉ በምድር ላይ ሠፊ የውኃ ሀብት ክምችት ወደ ሚገኝበት አካባቢ እንዲጓዙ እና የበለጠ እንዲያጠኑ ተስማሙ።

ለሚቀጥለው ሳምንት፤ አባታቸው በሀገራችን የአማራ ክልል ዋና ከተማ ለሆነው ወደ ባህር ዳር ከተማ ጉዞ አመቻቸላቸው። የዓባይ ወንዝ መነሻንና ፏፏቴውን ጨምሮ የተለያዩ ሠው ሠራሽና ተፈጥሯዊ መሥህቦች ያለው ከቀዳሚ የቱሪስት መዳረሻዎች አንዱ ከተማ ነው።

ለሊቁ አዲስ ቦታ፤ ባህር ዳር ከተማ፤ ጣና ሀይቅ እየተባለ በሚጠራው በጣም ታዋቂ ሀይቅ አጠገብ። ሀይቁ ከፍተኛ የውኃ ዕምቅ አቅም ያለው በመሆኑ፤ ከደመና ምንጮች አንዱ ስለመሆኑ የሚያረጋግጥ ጥናት እንዲያካሂዱበት ተመርጧል።

ለደመና መነሻ ጥናት
ጣና ሀይቅ
በስፊነቱ ተመርጧል

ስለ ተንሳፋፊ ውኃ ምንጭ፤ ጣና ሀይቅ ለአካባቢያቸው እንቆቅልሽ ለሆነው ጥያቄ መልስ ይሰጣቸው ይሆን?

በምርመራቸው ስኬታማ እንደሚሆኑ ተስፋ ተጥሏል።

ለሊቁ እና ለወንድሙ ሚስጥርን የመለየት ጉዞ ቀጥሏል!

ለቀጣዩ አስደናቂ ጥረታቸው፣ የደመና ምንጮችን ለማወቅ የጣና ሀይቅን በማጥናት ይመረምራሉ።

ለቀጣይ አቅጣጫ

ውኃ ህይወት ነው! ከደመና ውኃ እናገኛለን። ይሁን እንጂ ተንሳፋፊው ውኃ መነሻው ለብዙዎቹ የማህበረሰብ አባላት ግልፅ አይደለም። የደመናን ሀብት በማህበረስብ ደረጃ ገና በትክክል አልተገነዘቡም። ስለዚህ የደመና አመጣጥን መመርመር ለሚከተሉት መሠረት ነው፡-

- ፍፁማዊ የለውጥ መንገዶችን ለማሠሥ፣
- ለፀና ዕድገት መሠረትን ለመለየት፣ እና
- ሲተገበር የጋራ ሀብት ለማጠራቀምና አካባቢ ተፅእኖን ለመቋቋም፣ በዚህም ድህነትን ከሥረ መሠረቱ ለመዋጋት ናቸው።

ስለዚህ ቀጣዩ ጥናት ለማህበረሰቡ ዕድገት አስፈላጊ መረጃ የሚያቀርቡ ይሆናሉ።

ለመጠጥና ምግብ ዝግጅት በላይ ለሁሉም ልማት የዝናብ ውኃ ወሳኝ ግብዓት ሲሆን ለማስተዳድር ያለን ትኩረት ግን እዚህ ግባ የሚባል አይደለም።

ዝናብ ከሌለ በረሃ ነው የሚሆነው፤ ይህ እንዳይሆን ትኩረት በመስጠት ለልማት አስፈላጊውን እንቅስቃሴ ማድረግ ያስፈልጋል።

ማዝነብ በሰው ሀይል ቢሆን ኖሮ የሚጠይቀውን የገንዘብ መጠን ገምቱት። በጣም ከፍተኛ በጀት ይጠይቃል።

መረዳት ያለብን ተፈጥሮ ለኛ በዝናብ መልክ ከፍተኛ ውኃ ሀብት ታቀርብልናለች። ይህን ሀብት ለመጠቀም ጥረት ማድረግ ይጠበቅብናል።

እነዚህ መጽሐፍት ለዚህ ዓላማ የተዘጋጁ ሲሆን በተቻለ መጠን መጽሐፎችን ለተለያዩ ትምህርት ቤቶችና ቤተ-መጽሐፍት በማዳረስ ድጋፍ ያድርጉ፤ እያልን ማሳሰብ እንወዳለን።

9. የሚነሣ ውኃ

የዓለማችን ከፍተኛው የደን ሽፋን የሆነው የዓማዞን ደን በአየር ንብረት ላይ ካለው ዘርፈ ብዙ ጠቀሜታዎች ባሻገር የላቀ የኦክስጂን ምንጭ እንደሆነ ይታመናል። ከዚያም በላይ ደኑ ጥቅጥቅ ያለ ስለሆነ የሚዘንበውን ውኃ በማስረግ የከርሰ-ምድር ውኃን ያጎለብታል።

በሀገራችን የከርሰ-ምድር ውኃ የዝናብ ጥገኛ ነው

የዓማዞን ደኖች በዝናብ ውኃ አሰባሰብ ሂደት ውስጥ ወሳኝ ሚና ስለሚጫወቱ፣ አካባቢው በዓለም ላይ ትልቁን የዓማዞን ወንዝን ጨምሮ በተለያዩ በርካታ ወንዞች የበለፀገ አድርጎታል።

በደን ያልተሸፈነ መሬት ባይታይም የከርሰ-ምድሩ ውኃ በፀሀይ ሀይል ይባክናል

በዚህ የውኃ ዕምቅ አቅም ምክንያት፣ የዓማዞን ደን በዚህ የአየር ንብረት ነባራዊ ፈታኝ ሁኔታ ውስጥ የአካባቢውን ነዋሪዎች በዘላቂነት ለመጠበቅ የሚያስችል ሀብት ነው።

ደኖች ወንዞችን

ያጎለብታሉ

በተመሳሳይም ሊቁ የአካባቢን የአየር ንብረት በማረጋጋት ሚና በመጫወት ማህበረሰቡ በዚህ አስጨናቂ ጊዜ ቀጣይነት ያለው መተዳደሪያ እንዲያገኙ መንደራቸው ሙሉ በሙሉ ልክ እንደ ዓማዞን በአረንጓዴ የተሸፈነ እንዲሆን ይፈልጋል።

እሱ እና ወንድሙ ከለይ የተጠቀሱትን የሚወድቅ ውኃ (ዝናብ)፣ ተንሳፋፊው ውኃ (ደመና) እና የደመና ምንጭን ማሠሥ (ከአጎራባች ፕላኔቶች ከደመና በላይ እንደሚገኙ በመገመት) አጥንተዋል።

በጥናት ጉዟቸው ያለ ምሰሶዎች በሰማይ ላይ የቆሙትን የጥላዎች መነሻ በተስፋ ይደርሱበታል ተብሎ ታምኗል። ነገር ግን፣ በዚህ የመጽሐፍ ርዕስ በራሱ በምድር ላይ ስለ ደመና ምንጭ ያደረጉትን ምርመራ ይተነትናል።

ደመና የለም ማለት ከተንሳፋፊው የውኃ መጠን ለውጥ ጋር የሚከሰቱ በተለያዩ ጊዜያት የተለያዩ የአየር ሁኔታዎች ያሉበት የአየር ንብረት የለም ማለት ነው። በቀላሉ እንኳን ለመረዳት ደመና ሲኖር በአብዛኛው ጊዜ ይቀዘቅዛል።

ደመና ለአየር ንብረት

ዋናው አስፈላጊ አካል ነው

ስለዚህ የደመናን ምንጭን መረዳት አካባቢን ለማሻሻል ትክክለኛውን ነገር ለማወቅ እና ለመሥራት አስፈላጊና ጠቃሚ ነው።

በዛ ላይ በትልቅ ደረጃ የሚፈጠር ሰፊ ሀብት ነው፤ የደመና መነሻ መሠረትን መማር የአየር ንብረት ለውጥን ለመቆጣጠር፣ ሀብት ለማሰባሰብ እና ህይወትን ለማስቀጠል የሚረዳውን ተስማሚ እንቅስቃሴ በትክክለኛው ጊዜ ለማከናወን እንደሚመራ ያለጥርጥር ተስፋ አለው።

የሊቁ አባት ለእንዲህ አይነቱ ዓላማ ተንሳፋፊውን ውኃ ‘ደመና’ ከየት እንደመጣ ለማወቅ ጓጉቷል። በዚህ ፕላኔት ላይ ለአለው የሥነ-ህይወት ምህዳር መሠረት ስለሆነ፣ የሊቁን እና የወንድሙን ጥናት እና ግኝቶችን የበለጠ ይፈልጋል።

ለምርምሩ ቃል በገባው መሠረት የሊቁ አባት ቀድሞ ጉዞ አዘጋጅቷል፡ ለሊቁ አዲስ ቦታ በኢትዮጵያ የአማራ ክልል ዋና ከተማ በሆነችው ባህር ዳር ከተማ። ከተማዋ በኢትዮጵያ ውስጥ ትልቁ እና ተወዳጅ በሆነው ጣና ሀይቅ አጠገብ ትገኛለች።

በተጨማሪም ከአፍሪካ ረጅሙ ወንዝ ከሆነው የዓባይ ወንዝ ምንጭ እና ፏፏቴ ጋር ያለውን ቅርበት ጨምሮ፤ ከተማዋ የተለያዩ መስህቦች ካሏቸው ታዋቂ የቱሪስት መዳረሻዎች አንዷ አድርጓታል።

ጣና ሐይቅ ትልቅ የውኃ ዕምቅ አቅም ስላለው፣ ለተንሳፋፊው ውኃ ‘ደመና’ ምንጭ አንዱ መሆኑን አጥንቶ ለማረጋገጥ በጣም ጥሩው ቦታ ይሆናል ተብሎ ተገምቷል። የጣና ሀይቅ ለሠፈራቸው አካባቢያዊ እንቆቅልሽ፣ ለተንሳፋፊው ውኃ፤ ደመና መነሻ ምንጭ መልስ ይሰጣቸው ይሆን?

ይህ መጽሐፍ በግልፅ የደመናን አመጣጥ ማግኘታቸውን በሥኬት ታሪክነት ያብራራል።

በሌላ አነጋገር መጽሐፉ ስለ ደመናው የመጀመሪያ ቦታ ማለትም ስለ ተንሳፋፊው ውኃ መነሻ የተሟላ መግለጫ ይሰጣል።

10. የማይታይ ውኃ

የተፈጥሮ ሚስጢር የሚገለፅበት እና ከድህነት አረንቋ ለመውጣት የሚያስችለውን የውኃ ብክነት ማለትም ወሳኝ ሀብታችን በገልፅ ያብራራል። ያደጉ ሀገራት ይህን በመረዳታቸው ከፍተኛ ምርት በዘላቂነት ሊያመርቱ ችለዋል።

ከፍተኛ ውኃ በዓየር
ውስጥ ደመና ለመፍጠር
ከታች ወደ ላይ
ሳይታይ ይተላለፋል

ይህ መጽሐፍ የማይታየውን ውኃ ቁልጭ አድርጎ በማሳየት በትነት መልክ የሚባክነውን ከፍተኛ ውኃ ለመረዳት ያስችላል። ብሎም ማህበረሰቡ ይህን ብክነት ለመከላከል የራሳቸውን መርህ እንዲቀርፁ ያስችላል።

11. ለዝናብ መፈጠር ዋና ምክንያቶች

ዝናብ ስለሚታይ በግልፅ ውኃ ወደ መሬት መውደቁን በቀላሉ መረዳት ይቻላል። ሆኖም ከፍተኛ ውኃ አካባቢ በመቀዝቀዙ ምክንያት ብቻ ከአየር ወደ መሬት ሳይታይ ሊያርፍ ይችላል። ይህም ከትነት በተቃራኒ ሲሆን ሁለቱም በአብዛኛው የሚታዩ አይደሉም። በአጠቃላይ ውኃ በአየር ውስጥ በንፋስ አማካኝነት ከቦታ ቦታ ይዘዋወራል።

ንፋስ ውኃ

ይሠጣል

ይወስዳል

ለዘላቂ ልማትና አካባቢ ጥበቃ የንፋስን ውኃ መስጠትን ማስቀጠል፤ በተቃራኒው መውሰዱን ማስቀነስ ወይም ማስቆም ያስፈልጋል። ውኃ ለሁሉም ልማት መሠረታዊ ሀብት ስለሆነ ይህ ካልተተገበረ ዕድገትን ማስመዝገብ አይቻልም።

ዝናብ ለመፍጠር ቀድሞ ከፍተኛና በሥፋት የሚተገበሩ ሥራዎች አሉ። ዝናብ ዝም ብሎ የሚገኝ ሳይሆን ፈጣሪ በቀመረው መሠረት በርካታ ሥራዎች ከተተገበሩ በኋላ የሚገኝ የውኃ ምርት ነው። ዓለምን ውኃ በማጣራት ለፍጥረታት የምታቀርብ ኢንዱስትሪ ናት ማለት ይቻላል። አንዳንድ ሳይንቲስቶች ***'እናት ተፈጥሮ'*** ብለው ይጠሯታል። በአጠቃላይ ለዝናብ መፈጠር ምክንያት የሆኑ የተለያዩ

የተፈጥሮ ሀብቶች አሉ። በዚህ ጥናት መሠረት የሚከተሉት ዋና ዋና ዝናብ ለመፍጠር ምክንያቶች ናቸው። አንዱ ቢጎድል ዝናብ ማግኘት አይቻልም። ለዝናብ መፈጠር ዋና ዋና ምክንያቶች፡-

1. ውኃ፡ ሲቀዘቅዝ መጠኑ መጨመሩ ለደመና መንሳፈፍና መጓጓዝ ዋና ምክንያት ማድረጉ፣
2. ውኃ፡ ባህሪውን መቀያየሩ፡ ከፈሳሽነት ወደ ጋዝነት ባህሪ መቀየር መቻሉ ከአየር ጋር በመቀላቀል ለመጓዝ ዝግጁ መሆኑ፣
3. ፀሀይ፡ ሙቀቱ በብርሃን መልክ መተላለፉና አየርን ሳያሞቅ መሬት ላይ መድረስ መቻሉ፣
4. ፀሀይ፡ ብርሃኑ ማሞቅ የሚጀምረው መሬት ላይ ከደረሰ በኋላ መሆኑ ለሚነሣው ውኃ እንደ ፓምፕነት ማገልገሉ፣
5. አየር፡ ወደ ጋዝነት የተቀየረውን ውኃ አቅፎ መያዝ መቻሉ፣
6. አየር፡ ክብደቱን በሙቀት ምክንያት መለዋወጡ በዚህም የሞቀው አየር ውኃ ተሸክሞ ወደላይ ቀዝቃዛው ወደታች ቦታ በመቀያየር የሚነሣውን ውኃ ወደላይ ለማጓጓዝ ማስቻሉ፣
7. ዓለም፡ በመሬት ላይ ሠፊ የውኃ ሽፋን መኖሩ በቂ ቀስ እያለ የሚነሣ ውኃ ለማግኘት ማስቻሉ፣
8. ዓለም፡ በራስ ዛቢያና በፀሀይ ዙሪያ በመሽከርከር የፀሀይን ሀይል በማዳረስ የሙቀት ልዩነትና ወራቶችን መፍጠሩ፣
9. ዓለም፡ በከፍተኛ ሁኔታ የቀዘቀዘ ከባቢ አየር መሆኑ፣
10. ዓለም፡ የመሬት ስበት ሀይል ከባቢ አየርን መያዝና የዝናብ ጠብታን መሳብ መቻሉ፣
11. ዓለም፡ ተክሎች ወይም ደን በስፋት ካለ የአካባቢውን አየር በማጽዳትና የፀሀይን ሙቀት በማብረድ ደመና እንዲረጋጋና እርጥበት እንዲያሰባስብ አካባቢውን ማቀዝቀዝ መቻሉ፣
12. ተቃራኒ የስበት ሃይል ከጨረቃና ፀሀይ መኖሩ ደመና ከባድ ቢሆንም ከአየር ጋር በመታገዝ ማንሳፈፍ ማስቻሉ የሚሉት የተካተቱበት ናቸው።

12. ቀጣይ መጽሐፍት ሁኔታ

ከላይ የተጠቀሱት አምስት መጽሐፍት የውኃን ሂደት ከመሬት በላይ የተነተኑ ሲሆን ቀጣይ መጽሐፍት ከመሬት በታች የሚገኘውን ውኃ ሀብት በመተንተን የውኃ አቅሙንና ጥቅሙን ለማሳደግ እስከ መፍትሄው ድረስ ይቀርባሉ።

መጽሐፎች ትክክለኛውን የሥራ ንድፍ ስለሚተነትኑ የሥራ ዕድልን በመፍጠር አካባቢው የሀብት አቅም እንዲኖረውና ለአካባቢያዊ ኑሮ ምቹ የሚያደርጉ ዘርፎችን ያበስራሉ ተብሎ አጠቃላይ ሂደቱ ከፍተኛ ግምት ተጥሎበታል።

ለዚህ መሳካት የሚከተሉትን ነባር የልማት እንቅስቃሴዎችና ዋና ክፍተቶችን ከዚህ ጥናት አኳያ ለመቃኘት ተሞክሯል።

ለልማት መጀመሪያ ክፍተቶችን ማስወገድ ቀዳሚ ማድረግ

በያንዳንዱ ልማት ጉዳይ ውስጥ ከመግባት በፊት ለሁሉም የልማት እንቅስቃሴዎች ዋና በሽታ ወይም ለመለወጥ የሚያግዱ የተለመዱ ጉዳዮች የሚከተሉት ይገኙበታል።

- ለዕውቀት ትኩረት አለመስጠት (ለሁሉም ነገር ትናንሽ ለውጦችን መጠቀም ካልተቻለ ከትልቁ መድረስ አይቻልም)፣
- ራስን ለማወቅና ለመመራመር አለመገፋፋት (መጽሐፍን መውደድ ነገሮችን ማንበብና መረዳት በተጨማሪ ሀሳብ ማዳበር ከሁሉም ይጠበቃል)፣
- አካባቢን በሚገባ ለመረዳት አለመሞከር፣
- ራዕይና ተልዕኮ አለመንደፍና ሁሌም ለዕድገትና ለለውጥ አለመጣር፣
- የውሸት ሪፖርት የተለመደ መሆን (ውሸት ታማኝነትን ከማሳጣቱ ባሻገር ዕውነተኛ ተግባራት እንዳይተገበሩና ወደፊት ለመሄድ ስለሚያግድ ለዕድገት ካንሰር ማለት ይቻላል፤ የተደበቀ ነገር ሁሉ ዞሮዞሮ ውጤትን በአያሌው ያሰጣል፤ ሆኖም በእውነት ላይ ብቻ ከተመሠረተ ለውጥ ፈጣን ያደርገዋል)፣
- የሚሠራን ግለሰብ አለማበረታታት (አብሪ ታታሪ ሠራተኞች ዕድገት ወደፊት እንዲገሰግስ ያደርጋሉ፤ ካልተበረታቱ ዕድገት ሊኖር አይችልም)፣
- አዕምሯችን ጠቃሚ ጉዳዮችን ችላ በማለት በሌላ በማይጠቅሙ ጉዳዮች መጠመዱ (ወሬ፣ በሥራ ላይ ቀልድ፤ ስለራስ ሳይሆን ስሌላው ግለሰብ ገለፃ ማድረግ፣ ወዘተ)፣
- ጊዜን እንደ ሀብት አለመቁጠር፤ ሀብት ወይም ሀብት የሚፈጥር ነገር ዛሬ ካልተገኘ ወይም ከልተፈጠረ የነገን ጊዜ ይሻማል፤ የሀገር ዕድገት በጊዜ ቀመር ካልተሰራ ለአለው ህዝብና ለወደፊት ለሚፈጠረው ትውልድ የሚበቃና ተረፈ ምርት ሊኖር አይችልም፣

- በመርህ የሚመራ አስተዳደር አለመፈጠር፤ መንግስታት ቢቀያየርም ማህበረሰቡ የሚመራበትና የሚከተለው የማይቀያየር መርህ በተለያዩ ዘርፎች አለመኖሩ፣
- ሀብት መፍጠር የግለሰብ ብቻ ሥራ አይደለም በዋናነት የማህበረሰቡ መሆኑን አለመረዳት፤ ሆኖም የጋራ መርህ የሚያስፈልግ ሲሆን መርህ አለመፍጠር ወይም የተፈጠረበትን ሀሳብ አለመረዳት፤ ለመርህ መተግበር ሂደቱን ለማወቅ አለምጓጓትን ሁሉ ያካትታል።

በዋናነት እነዚህ ችግሮች መቅረፍ ካልተቻለ የፈለገው የፕሮጀክት ጥረት ቢደረገም ትርፉ ኪሳራ ነው የሚሆነው። ስለዚህ ከላይ የተገለፁት ነገሮች ላይ መሠረታዊ ለውጥ ማምጣት ከተቻለ ለለውጥ ሁሌም መብቃት ይቻላል።

13. የልማት እንቅስቃሴዎች ክፍተት ባጭሩ

የሀገር ዕድገት ደረጃ የሚወሰነው የውኃ ሀብት አጠቃቀም መጠን ጋር የተዛመደ ነው። ያደጉት ሀገራት ውኃ ሀብታቸውን ካላደጉ ሀገራት በጣም በተሻለ መንገድ ያስተዳድሩታል። በዚህም ዕድገታቸውን በዘላቂነት እያስቀጠሉ ይገኛሉ። በተቃራኒው በሀገራችን እስካሁን ድረስ ከፍተኛ የተለያዩ የልማት እንቅስቃሴ ቢደረግም በአብዛኛው ውጤት አልባ በመሆኑ ከፍተኛ ሀብት በመከሰር ላይ ይገኛል።

በዚህ ረዕስ የትኩርት አቅጣጫ ከውኃ ሀብት ጋር በዋናነት የሚደረጉ የልማት እንቅስቃሴዎች ላይ ያተኩራል። ገለፃውም ከሚዘጋጁ ከመጽሐፍት ዓላማዎች ጋር በማስተሳሰር ለማብራራት ይሞከራል።

13.1 ዝናብ ማዝነብ

በመንግስት ዝናብ ማዝነብ ተብሎ የተወሰኑ ቀናት ትኩረት አግኝቶ ነበር። ሆኖም ምኞት ብቻ ሆኖ ቀርቷል። ሁሌም ወጭንና ገቢ ተሰልቶ ስለማይጀመር ኪሳራው ጎልቶ ይሄድና የተጀመሩ ነገሮች ሳይቋጩ ወይም በዘላቂነት ሳያገለግሉ ይቀራሉ። በአጭሩ **ደመናን ለማሰባሰብ** በአውሮፕላን የሚረጭ ፍንጣቂ ሁሌም ከፍ ብሎ በሰፊው አካባቢ መረጨት አለበት። ጥያቄው የአውሮፕላኑ፣ የቁሳቁሱና የአብራሪዎች ወጭ ከዘነበው በሚገኘው ምርት ትርፍ ሊሸፈን ይችላልን? የሚለው ዋነኛው ጉዳይ ነው። ወጭው ቀላል ቢሆን ኖሮ በርካታ ሀገራት ይጠቀሙበት ነበር። የሚገርመው ድህ በሆነች ሀገር ይህ ጉዳይ

ዜና ሆኖ መቅረቡ ነው። ነገር ገን ይህን ከፍተኛ ወጭ ሊያቃልል የሚችል አሠራር በጥናትና ምርምር ሊገኝ ስለሚችል በዘርፉ ጥናትና ምርምር መደረጉ ምንም አጠያያቂ ጉዳይ አይደለም።

ወደ ተዛማጅ ጉዳይ ስንመለስ ቀጣይ ጥያቄ፤ መጀምሪያ በተፈጥሮ እየዘነበልን ያለውን መቼ በጥራት እና በከፍተኛ ሁናቴ ተጠቀምንበት? የሚዘንበው ዝናብ ጎርፍ፣ ደለል፣ አፈር መሸርሸር ወዘተ አደጋ ከውኃው መባከን ባሻገር እያስከተለ ይገኛል። ይህ በርካታ ችግር በአብዛኛው ቦታ ከተመለሰ ውኃ ሀብቱን በከፍተኛ ሁናቴ ለመጠቀም ተጨማሪ ደመና ማሰባሰብ ይቻላል።

ይሄን ጉዳይ ከመቋጨት በፊት ትንሽ ዘርዘር ብሎ መቅርብ ይገባዋል። በአረብ ሀገር የንፁህ ውኃ አቅርቦት እጥረት ስላለ ደመናን በማሰባሰብ ችግሩን ለመቅረፍ ከፍተኛ ርብርብ ያደርጋሉ። ሆኖም ከአከባቢው በርሃማነት አኳያ ማዝነብ ቢችሉም መልሶ በበረሃው ስለሚዋጥ ቀጣይነት ያለው ዝናብ ማግኘት አልቻሉም። ስለዚህ ሥራውን ለማስቀጠል ከፍተኛ ወጭ በየጊዜው ይጠይቃቸዋል።

በተቃራኒው በሀገራችን የደመና ሽፋን ስላለ ደመና ማሰባሰቡን ቀላል ያደርገዋል ይሄም ከአረብ ሀገሮች ጋር ሲነፃፀር ነው። ሆኖም ሀገራችን እየዘነበ ያለውን ዝናብ በሚገባ ባልተጠቀምችበት ሁኔታ ተጨማሪ ዝናብ ማዝነቡ አሁን አስፈላጊ ነውን? ከሆነስ ዝናብ አጠር አካባቢዎችን ያዳርሳልን? ከሆነም ወጭን የሚተካ ትርፍ ማምረት ያስችላልን? ሌላው ቢቀር ዝናብ በተቆራረጠበት አካባቢ በማቅረብ መቆራረጡን ማስቀረት ያስችላልን? ከአለው የአውሮፕላን ብዛትና ተያያዥነት ካላቸው የሥራ ማስፈፀሚያ ወጭዎች አኳያ ለሁሉም መልስ

አይኖርም። ስለዚህ በዘርፉ ቀጣይ ጥናትና ምርምር ማድረጉ ብቸኛ መንገድ ነው የሚለውን ለጊዜው መውሰዱ ጠቃሚ ነው።

13.2 የዓባይ ግድብ

የኢትዮጵያ የህዳሴው ግድብ ውኃ ቢያሰባስብም ከመብራት ሀይል ማመንጨት በስተበቅር ውኃውን በቀጥታ በሚቀንስ መልክ በሀገር ውስጥ ግልጋሎት ላይ አይውልም። ይህ የሚያመላክተው ግድቡ ውኃን በማቅረብ ለሱዳንና ለግብፅ በዋናነት ያገለግላል። ተወደደም ተጠላም ሀይል ለማመንጨት ሲባል ውኃ ይለቀቃል። ይህን መልካም አጋጣሚ ሁሉም ሀገሮች በደንብ ሊመረምሩትና የሁሉንም ፍላጎት በአሟላ መልኩ ብሎም የውኃ አቅሙን በሚያሳድግ አቅጣጫ የትብብር መስክ መክፈት ይጠበቅባቸዋል።

የህዳሴው ግድብ

ተጨማሪ ጥቅሞች አሉት

ለሀገራችን፣ ለታችኛው የአባይ ተጠቃሚ ሀገሮችና ብሎም ለዓለም ማህበረሰብ ከታላቁ የኢትዮጵያ ህዳሴ ግድብ የሚገኙ ዋና ዋና ጥቅሞች የሚከተሉትን ያካትታል፡-

ለሀገራችን

1. ከታለመለት ዓላማ አኳያ የኤሌክትሪክ ሀይል አገልግሎት ሽፋን ይጨምራል፣
2. ለጎረቤት ሀገራት ተጨማሪ ውኃ በማቅረብ ለጉርብትናና ትብብር አስተዋፃኦ ያደርጋል (አለመታደል ሆኖ ጎረቤት ሀገራት በቀናህነት አይመለከቱትም ግድቡም በዚህ ጉዳይ አደጋ ውስጥ ይገኛል)፣
3. በአካባቢው ለመጠጥ ውኃ አስተዋፃኦ ያደርጋል፣
4. ለሆቴልና ቱሪዝም መስፋፋት የበኩሉን ድርሻ ይወጣል፣
5. የዓሣ ምርት ያሳድጋል (ሀገሪቱ ቢያንስ በትለልቅ ከተሞች የዓሣ አቅርቦትን ያስፋፋል)፣
6. መጓጓዣነት ያገለግላል፣
7. ለተለያዩ ተክሎችና እንስሳት አዕዋፋትን ጨምሮ የመኖሪያነት ያገለግላል፣
8. አካባቢውን ያቀዘቅዛል ተጨማሪ ዝናብ እንዲኖር አስተዋፆ ያደርጋል፣
9. በቀጥታም ይሁን በተዛዋሪ የሥራ ዕድል ያሳድጋል፣
10. ኢንዱስትሪና ቴክኖሎጂ እንዲስፋፋ የበኩሉን ድርሻ ይወጣል፣
11. የትራንስፖርት አገልግሎትን ያሳልጣል።

ለታችኛው ጎረቤት ሀገሮች

12. ከፍተኛ ውኃ ያቀርባል፣
13. ጎርፍ አደጋን ይቀንሳል፣
14. የአፈር ደለል ያስቀራል (ግን የግድቡን ዕድሜ አጭር ያደርገዋል)፣
15. ከግድቡ በኋላ እስከ ሱዳን ድንበር ለአካባቢው ተፈጥሮ ሀብት የውኃ ግብዓት ሆኖ ያገለግላል፣

ለዓለም ሀገሮች

16. ዓለማቀፋዊ ትብብርንና ሠላምን ያስገኛል፣
17. የንፁህ ሀይል አገልግሎትን በሀገር ደርጃ በማሳደጉ የካርቦን ልቀትን መቀነሳል፤
18. የደን ሽፋን እንዳይቀንስ በማድረጉ የዓለም ሙቀት መጠንን ይቀንሳል፣
19. የዓለም ምግብ ምርትን ይጨምራል፣
20. ለዓለማቀፋዊ አየር መዛባት ቅነሳ ጋር በቀጥታ አካባቢን ስለሚያቀዘቅዝ የበኩሉን ድርሻ ይወጣል።

ይህ ግድብ ድንበር ላይ ባይሆን ኖሮ ከተጠቀሱት ጥቅሞች በላይ ማግኘት ይቻል ነበር። ስለዚህ ውኃ ከላይኛው የተፋሰስ አካል መያዝ ለሀገር ከፍተኛ ጠቀሜታ አለው።

ከላይ የተዘረዘሩ ጥቅሞች እንዳለ ሆኖ የሚከተሉት ስጋቶች ደግሞ በግድቡ ላይ ተደቅነውበታል፡-

1. ከፍተኛ የደለል መጠን በወንዙ መጓጓዙ ውኃ በግድቡ ለመያዝ ወይም ለማጠራቀም የሚያስችለውን አቅም ከዓመት ዓመት ይቀንሰዋል፣
2. በጣና ሀይቅ የውኃ ትሥሥር ሥር ስለሆነ በእንቦጭ አረም ሊወረር ይችላል፣
3. በዕውቀት ተመስርቶ የትብብር መስኩን አለማጠናከር አለማቀፋዊ ትኩረትን ያዛባል፤ በዚህም ለትብብር የሚሆነው በጀት ለጦርነት በማዞር ተፋሰሱን ለበለጠ አደጋ ይዳርጋል፤ በዚህም የዘላቂ ውኃ ሀብት አቅሙን በማሳጠር የውኃ እጥረት ለተቸኛው ሀገሮች በዋናነት እንዲፈጥር ያስችለዋል፣
4. የፀጥታ ጉዳይ የሆቴሎችን መስፋፋትና ቱሪዝምን ያግዳል፣
5. በተፋሰስ ውስጥ የተለያዩ ኬሚካል ከዕርሻ ማሣና ከፋብሪካዎች በጎርፍ ከተጓጓዘ ለዓሣዎችና ለአዕዋፋት የጤና ስጋት ሊያስከትል ይችላል፣
6. ግድቡ ካልተጠበቀና ከፈረሰ ለኢትዮጵያ ከፍተኛ የኢኮኖሚ ኪሳራ ሲኖረው ለታችኞች ሀገራት ከፍተኛ የጎርፍ አደጋ ሊያስከትል ይችላል።

ትብብር የተሳካ እንዳይሆን አለመታደል ሆኖ ግብፆች የኢትዮጵያን የተፋሰስ አገልግሎት ውኃን መጠን ከመጨመር አኳያ ያለውን ጥቅም አለመረዳታቸው ነው። በተጨማሪም ለመረዳት ጆራቸውን አለመከፈታቸው ጉዳዩን በሚገባ ለማስረዳት ሌላው ፈታኝ ምክንያት ያደርገዋል። ከውኃ በሀሪ አኳያ የውኃ አጠቃቀም በኢትዮጵያና

በግብጽ በከፍተኛ ሁኔታ ተቃራኒ ናቸው። ይህን ሊረዱት አልቻሉም።

ምክንያቱም ውኃ ከላይ በተያዘ ቁጥር ለታችኛው ክፍል የውኃ አገልግሎትን አስተማማኝ ያደርገዋል። ለዚህም በኢትዮጵያ በርካታ ግድቦች መሠራታቸው በጣም ጠቃሚ ሲሆን ግድቦችን ዘላቂ ለማድረግ የደን ልማት እንደዚሁ በጋራ የውኃ መጎልበትን ስለሚያጠናክሩ ለሁሉም ውኃ ተጠቃሚዎች በጣም ጠቃሚና አስፈላጊ ነው።

የውኃ በሀሪን ተረድቶ ሀገራችን የውኃ አምራች ሀገር እንደመሆኗ መጠን ምን ምን ቢሠራ የዓባይን ውኃ መጠን በአስተማማኝ ከፍተኛ ውኃ አቅም ሁሌም እንዲኖረው ያስችላል ብሎ ወደ ትግበራ የሚገባ የጋራ ስምምነት በግልፅ የለም ማለት ይቻላል።

በተቃራኒው የኢትዮጵያ ዕድገት በዕርስ በዕርስ ግጭት ኢኮኖሚ ሲደቅ በዓባይ ተፋሰስ የውኃ አቅሙን የሚያሳድጉ በርካታ ጠቃሚ ሥራዎችን መሥራት አያስችልም። በዚህም ሁሉም የዓባይ ወንዝ ተጠቅሚ ሀገራት በቀጥታ ተጎጂ ያደርጋቸዋል፤ ግብፅን ጨምሮ።

የህዳሴው ግድብ

የተፋሰስ ልማት ይፈልጋል

የህዳሴው ግድብ እንደዚሁ በሀገራዊ አለመረጋጋት ምክንያት ተፋሰሱ ለበለጠ አደጋ ስለሚጋለጥ ይህ ግድብ በአጭር ጊዜ በከፍተኛ ደለል

ተጠቂ ያደርገዋል። ይህ ግድብ ምንም እንኳ ኢትዮጵያ በራሷ ወጭ ብትገነባውም ውኃ የማቅረብ አገልግሎቱ ለሱዳንና ለግብፅ ጭምር ነው። በተዛዋሪም ለሌሎች ተፋሰስ ሀገራት ከውኃ መጋራት አኳያ ያገለግላል። ስለዚህ የውኃ የመያዝ አቅሙ ከፍ እንዳለ ለረጅም ጊዜ እንዲያገለግል በሀገር መረጋጋትና በተፋሰስ ልማት ማገዝ ከሁሉም ሀገሮች ይጠበቃል።

እዚህ ላይ ተፋሰሱ ሲለማና በርካታ ግድቦች ቢሠሩበት ምንጮች፣ ረግረጋማ አካባቢዎች፣ የከርሰ ምድር ውኃን ስለሚያጎለብትና ትናንሽ ወንዞች የፍሰት መጠናቸውና ቁጥራቸው ስለሚጨምር በቀጥታ የዓባይን ወንዝ ውኃ አቅም ያጎለብቱታል።

የኢትዮጵያ ዕድገት የዓባይን

ወንዝ የውኃ መጠን ይጨምራል

በሌላ በኩል የሀገራችን ህዝብ ይህን ባለመረዳቱ ዘላቂ ሥርዓት በመፍጠር ሀገሪቱን አረጋግቶ ዋና ዋና የተፈጥሮ ሀብቷን በመጠቀም የኑሮ ውድነት በመቀነስና አካባቢን በማስዋብ ለማህበረሰቡ ምቹ ማድረግ እስካሁን አልተቻለም።

ይህን ሠፊ ችግር ለመቅረፍ የማህበረሰቡ ትብብር ዋናና ብቸኛ መንገድ ሲሆን ማህበረሰቡ በአስተሳሰቡ ሂደቶችን የተረዳና በራሱ መሥራት እስከሚጀምር ዕውቀትን ማዳበር የግድ ይላል። እነዚህ የልጆች መጽሐፍት ለዚህ ዓላማ ለማሳካት እንደ ስልት (ስትረቴጂ) የተነደፉ ሲሆን ተጨማሪ ጥረቶችን በየትምህርት ቤቶች መተግበር ይጠይቃል።

13.3 ጣና ሀይቅን ከእንቦጭ ነፃ ማድረግ

ከህዳሴው ግድብ በተፈጠረው ሀይቅ እንደተረዳነው በርካታ ሀይቆችን በኢትዮጵያ መፍጠር ይቻላል። ምክንያቱም የማይታየን ወይም ትኩረት ያልሰጠነው ውኃ ሀብት መኖሩን ያበስርልናልና። ይህ ሀብት ስላልያዝነው ነው እንጂ በጣም ከፍተኛ መጠን ያለው ውድ የሀገር ሀብት ነው። ምንጩም ዝናብ ነው።

ከዝናብ በርካታ ሀይቅ

መፍጠር ይቻላል

ጣና ሀይቅ በኢትዮጵያ ከፍተኛ የሆነ የታዳሽ ውኃ ክምችት ሲሆን ለዓለም ሥነ - ምህዳር መጠባበቂያ አንዱ ግብዓት ነው። ሀይቁ ሱዳንና ግብፅን ጨምሮ በዓባይ ወንዝ መስመር ላይ ህይወትን ለማስቀጠል ቀጥተኛና ከፍተኛ አስተዋፅኦ ያደርጋል። የሀይቁ የውኃ ምንጭ በራሱ ላይና በተፋሰሱ ውስጥ የሚዘንብ ዝናብ ሲሆን ወደ ሀይቁ የሚፈሱ በርካታ ወንዞች ይገኛሉ። በበጋ ወራት የውኃ መቀነሱን ግንዛቤ ውስጥ በማስገባት ካልዘነበ የሀይቁ መኖር አይችልም።

ሀይቁ ከፍተኛ ጠቀሜታ ቢኖረውም በተደበቁ፣ ሥር የሰደዱ እና ከባድ በሆኑ ፈተናዎች እየተጎዳ ለብዙ ዓመታት ኖሯል። የዚህም ዋናዎቹ ችግሮች ደለል እና ብክለት ናቸው። እነዚህ ተግዳሮቶች በአከባቢው “እንቦጭ” እየተባለ የሚጠራውን ወራሪ አረም ስርጭት ምቹ ሁኔታ ፈጥረውለታል። በዚህ ምክንያት መጀመሪያ ያሰራጨው አካል እንዳለ ሆኖ ሀይቁ በዚህ አረም ሊጠቃ ችሏል።

ይህ ኃይለኛ የአረም ተክል ሰፊ ቦታን በፍጥነት የመያዝ አቅም አለው። ዓሣን፣ ረቂቅ ህዋሳትን፣ መደበኛ ሣሮችን እና አእዋፍን ጨምሮ ለብዝሀ ሕይወት በጣም የተለየና አስቸጋሪ ሥነ-ምህዳር እየፈጠረ ይገኛል። በተመሳሳይ ለትራንስፖርት፣ ለአብያተ ክርስቲያናት፣ ለአካባቢው ማህበረሰብ፣ ለውኃ ሃይልና ለቱሪዝም በቀጥታ እና በተዛዋሪ ጉዳት እያደረሰ ይገኛል። እስካሁን ከተለያዩ በጎ ፈቃደኞች ጋር በመሆን አረሙን ለማስወገድ ብዙ ጥረት ተደርጓል። እነዚህ ሙከራዎች ቢደረጉም ውጤቱ ተስፋ ሰጪ አይደለም።

ጣና ሀይቅ በይበልጥ መመርመር አለበት

ይህን ችግር ካለመቅረፍ አኳያ ጥበበኞች አይደለንም፤ ለማስተካከልም ለመማር ዝግጁ አይደለንም ማለት ይቻላል። ብታምኑም ባታምኑም የጣና ሀይቅ ፈተና ለመላው ኢትዮጵያውያን የማንቂያ ደወል ነው። ምክንያቱም ጠንካራ ህዝብ ቢኖርም የተቀናጣለት የሥራ ስልት ግን የለንም እንደዚህ አይነት ችግሮችን ለማስወገድ።

የጣና ሀይቅ ፈተና መልስ ቢያገኝ ኖሮ የተቀሩትን የሀገሪቱ ተፋሰሶችን የበለጠ ሊጠቅሙ የሚችሉ ሳይንሳዊ አቀራረቦችን በመጠቀም ከፍተኛ የሥራ ዕድል መፍጠር ይቻል ነበር። ስልታዊ አቀራረብ ከላይ ያሉትን ሁሉንም ችግሮች ይፈታል። ሆኖም አቅም ያላቸው ባለሙያዎችን፣ የገንዘብ ድጋፍ ሰጪ ኤጀንሲዎችን፣ የመንግሥት ባለሥልጣናትን፣ ማሕበረሰቦችን፣ ዩኒቨርሲቲዎችን ወዘተ ለማስተባበር ጠንክሮ በዘዴ መሥራት ይጠይቃል።

የጣናን እንቦጭ በዘላቂ ሁኔታ ለመከላከል፣ ችግሮች የሥራ ዘርፍ ስለሚሆኑ ዓመቱን ሙሉ ሊያሠራ የሚችል አሠራር መፍጠር በጣም ጠቃሚ ነገር ነው። ሲዋቀርም በዓመት ውስጥ የእንቦጭ መስፋፋትን የሚያስቆምና ያለውን የሚጠራርግ መሆን አለበት። ከዚህ በተጨማሪ በተፋሰሱ ውስጥ የውኃ ሀብት አጠቃቀምና አስተዳደር ሥርዓት ሊተገበር ይገባዋል።

13.4 ስንዴ ልማት

መንግስት ሀገር ማሳድግ አልቻልህም እንዳይባል ከብዙ ሙከራዎች አንዱ ስንዴ ኤክስፖርት ማድረግ ችለናል የሚል ትርክት ነው። ክላስተር የምትል ቅፅል ስም በመስጠት በአርሶ አደሮች ጥረት የተመረተውን ስንዴ ልክ ራሱ መንግስት ብቻ ያመረተው አስመስሎ በማቅረብ ብሎም ኤክስፖርት ለማድረግ መጣር ጀመረ። በድህነት አረንቋ የሚገረፍ በርካታ ህዝብ ያለባት ሀገር ኤክስፖርት የሚታሰብ ነገር መሆን አልነበራበትም። ከዚያ ይልቅ የስንዴ ዋጋን በማረጋጋትና በዝቅተኛ ዋጋ ለማህበረሰቡ አደርሳለሁ ቢባል ተቀባይነቱ የጎላ ያደርገው ነበር። አለመታደል ሆኖ በጥናት ባልተደገፉ ዝንባሌዎች የማህበረሰቡን ልብ ለመንካት ሁሌም መሞከሩ የማያቋርጥ ሆኗል።

ሆኖም ግን በመረጃ እንዳየነው የስንዴ ምርቱ በጣም ደስ የሚልና ሰፊ ቦታ ያካለለ ሲሆን ሀገራችን ጠንክረን ብንሰራ ከዚህ በላይ ማድረግ ይቻላል የሚለውን ግንዛቤ መውሰዱ ብቸኛ ጠቃሚ ነገር ይሆናል። ምክንያቱም ዋናው ጥያቄ ሰፊ ሽፋን ማየት ብንችልም ይህ መጠን ከሀገሪቱ የቆዳ ስፋት ደረጃ ምን ያኽል ነው የሚለው ሰዕል በማገናዘብ መግለጽ ያስፈልጋል። ሌላው ይህ ምርት የዋጋ ግሽበትን አስቀርቷልን? የኑሮ ውድነትን ቀንሷልን? ድህነትን ቀርፏልን?

የሚሉት ጥያቄዎች ሊመልስ የግድ ይላል። መመለስ አይችልም ሰፊ ልማት ቢሆንም ከሀገሪቱ ፍላጎት አንፃር ጠብ የሚል አይደለም።

በሀገራችን በአጭሩ ለመንግስታት የዕድገት መንገድን ማግኘት እስካሁን በጣም ከባድ ነገር ሆኖ ቀጥሏል።

13.5 ችግኝ ተከላ

የዘመቻ ሥራ ለተከሎች ባህሪያዊ መስተጋብር ሙሉ ድጋፍ ሊያደርግ አይችልም። ደንን መንከባከብ የዓመት ሙሉ ሥራ የሚጠይቅ ሲሆን ከግለሰብ ጀምሮ ወጥ የሆነ ስትርራቴጅ ያስፈልገዋል። በዘመቻ የሚሰሩ ነገሮች ትልቅ ተስፋ ያስጨብጡና መሬት ላይ ግን ያን ያህል ሆነው አይገኙም። በአጭሩ በሚሊዮኖች ችግኝ ቢተከልም ሀገራችን በደን ሽፋን የምትታወቅ አይደለችም። መሬት መሸርሸሩን አላዳነም እንዲሁም የከርሰ-ምድር ውኃን በማሳደግ የውኃ እጥረትን አልቀረፈም። ለካሜራ ፍጆታ የሚሆን ልማት በየወረዳው ሞልቷል፤ ሆኖም እያንዳንዱን ወረዳ በደን ሀብት አያስጠራም።

13.6 እርከን ሥራ

አስራ ሶስቱን የውኃ መንገድ ሳይረዱ እርከን ሥራ ውጤታም ሊሆን አይችልም። ከጊዜና ገንዝብ ኪሳራ በላይ ለከፍተኛ ጎርፍ አደጋም የተጋለጠ ሊሆን ይቻላል። በሀገራችን በሰማነው የዕርከን ሥራ መጠን እንኳን ጎርፍ ሊከሰት ቀርቶ የውኃ እጥርት ችግር ሊሆን አይችለም ነበር። አርሶ አደሩ የዕርከን ጥቅምን በግልፅ ባለመርዳቱ በራሱ ከመስራት ይልቅ በዘመቻ ብቻ ለመሳተፍ ተዳርጓል። የዘምቻ ሥራ ደግሞ ሂደቱን በሚገባ ባላመርዳት ስለሚከናወን ከጥቅሙ

ይልቅ ጉዳቱ ያመዝናል። ለዚህም ነው በርካታ ዕርከን ቢሠራም ውጤቱ ከፍተኛና ጉልህ ያልሆነው።

13.7 የመጠጥ ውኃ አቅርቦት

በአብዛኛው አካባቢ የሚናሳ ችግር ሲሆን ከፍተኛ ዝናብ እያገኘን በትክክለኛው መንገድ ብንዳዝ የውኃ እጥረት ሊከሰት ባልቻለ ነበር። በሁሉም ከተሞችና በአብዛኛው የገጠር ሰፈሮች ከፍተኛ ዝናብ ውኃ ቢኖርም የውኃ እጥረት ዋና ችግር ለሆን የቻለው። ሀገራችን በዚህ ዘርፍ ከፍተኛ ኪሳራ አስተናግዳለች እያስተናገደችም ትገኛለች።

13.8 መስኖ ልማት

በየጊዜው ይወራለታል ሆኖም ከዝናብ ጥገኝነት ሊያላቅቅ አልቻለም። በየትኛው ትምህርት እንደተገኘ አላውቅም "ከዝናብ ጥገኝነት ማላቀቅ ሲባል መስኖን በስፋት መጠቀም ያስፈልጋል" የሚለው በተለያየ ዜና እንሰማለን። ጎበዝ ዝናብ ከሌለ በረሀ ነው የሚሆነው። ከዚህ አስተሳሰብ ለመውጣት ነው ዝናብን ለማስተዳደር እነዚህ መጽሐፎች እየተዘጋጁ ያሉት። ለዝናብ ጥገኛ ነን ከጥገኝነተም አንወጣም። ስለዚህ ለመስኖ ልማት ለየት ያለ አቀራረብ ይፈልጋል።

በበርካታ አካባቢ የመስኖ ግድቦች የተገነቡ ሲሆን አብዛኛዎች ደለል ሞልቷቸዋል። በሪፖርት በብዙ ሄክታር እንደሚመረት ቢወራም በተግባር የተረጋገጠ ነገር የለም። በዚህ ዘርፍ ከፍተኛ ኪሳራ ሀገራችን አስተናግዳለች እያስተናገደችም ትገኛለች።

13.9 ማዳበሪያ አገልግሎት

አርሶ አደሮች ማዳበሪያ የማይፈልግ መሬት እንዳላቸው ያውቃሉን? በቤታቸው ዳር ጥርግራጊ ስለሚደፋበት በሚገርም ሁናቴ ከፍተኛ ምርት ሲያስገኝ ማዳበሪያ አይፈልግም። ይህ ባህላዊ ዘዴ ብዙ ሚስጢሮች አሉት። ይህ ባህላዊ አሠራር ከዘመናዊ ጥበብ ጋር በማስተሳሰር ወደፊት የማዳበሪያን ፍላጎት ለመቀነስ ያስችላል።

ሆኖም አሁን በአለንበት መስተጋብር ማዳበሪያ ለአርሶ አድሮች ማድረስ የመንግስት ዋና ሥራ ነው። ማዳበሪያ ማቅረብ ካልቻለ መላው የሀገሪቱ ማህበረሰብ ለበለጠ ድህነት የሚዳርግ አደገኛ ጉዳይ ነው። ከጊዜ ወደ ጊዜ በመንግስት ለአርሶ አደሮች የሚደረገው ድጋፍ እየቀነሰ ይገኛል። ይህ ከፍተኛ የሆነ የአስተዳድረ ክፍተት እየፈጠረ ይገኛል።

በዛም ሆነ በዚህ ሀገራችን ከፍተኛ የተፈጥሮ ሀብት እያላት በተለያዩ ጉዳዮች ምክንያት ትኩርት ባለመሰጠት በሀብቱ ተጠቃሚ መሆን አልተቻለም። ለዚህም ጉዳይ ነው ይህ መጽሐፍ በአዲስ መልክ ከትንሽ ነገር ጀምሮ በየሡፈሩ ዕድገት ለማስጀመር እየተዘጋጀ ያለው።

13.10 የወንዞች ልማት

ወንዞች ከፈተኛ አገልግሎት እየሰጡ በሚገባ በመልማት ላይ ግን አይደሉም። በአብዛኛው አካባቢ ወንዞች ባለቤት የላቸውም ማለት ይቻላል። ለወንዞች ትኩርት አለመስጠት ማለት ከፍተኛ ድክመት ነው። ምክንያቱም የሚከተሉት ችግሮች እየተከሰተባቸው ስለሚገኙ፡-

- የሞቱ እንሣትን በወንዝ ውስጥ ማግኘት፣
- የተለያዩ ቆሻሻ ነገሮች መጠራቀም፣
- በበርካታ አቅጣጫ መንዞችን መጥለፍ፣
- ወንዞችን ለማፅዳት እንቅስቃሴ አለመኖር፣
- ደለል መከማቸት፣
- ፍሰት መቀነስ፣
- የተፋሰስ ልማት በተዋጣለት ዕቅድ አለመተግበሩ እና የመሳሰሉት ችግሮች ሊጠቀሱ ይችላሉ።

13.11 ምንጭ ማጎልበት

ትክክለኛው የምንጭ ማጎልበት ዕውቀት በማህበረሰብ ደረጃ አለመፈጠሩ በርካታ ምንጮች እየደረቁ መምጣት። የምንጭ ውኃ ከሌሎች በተሻለ መንገድ ንፅህና አለው። በዚህ መጽሐፍ ዝግጅት መሬት ላይ ሲተገበር በርካታ ምንጮች ይፈጠራሉ። ስለዚህ የንጹህ ውኃ አቅርቦትን በዘላቂነት ለመፍታት አስተዋጽኦ ይኖረዋል።

13.12 የጉድጓድ ውኃ

አስተማማኝ ቢሆንም የከርሰ ምድር ውኃ ካልጎለበት ከጊዜ ወደ ጊዜ ወደታች እየራቀ መሄዱና ብሎም መድረቁ አይቀርም። ከምንጭ ውኃ ጋር በተመሳሳይ ንፁህ ሲሆን በአጠቃቀሙ ላይ ጥንቃቄ ግን ይፈለጋል።

13.13 ፓርክ ልማት

ይህ ዋናው የራዕይ መዳረሻ ሲሆን በዚህ ጉዳይ ብቻ በጣም ጥልቅ ግንዛቤ መያዝ ያስፈልጋል። በዚህ ወቅት የተመረጡት የፓርክ ቦታዎች በተፈጥሮ ልምላሜ የተመረጡ አካባቢ ናቸው። እነዚህ ቦታዎች በተፈጥሮ አቀማመጣቸው ውኃ አዘል ስለሆኑ በራሳቸው የተዋቡና በቀላሉ የበለጠ ማስዋብ ይቻላል። ጥያቄው ለምን ሌሎች አካባቢዎች ለምለም አልሆኑም? ድሮ ለምለሚቷ ኢትዮጵያ ትባል ነበር አይደል። እንዲሁም እረጥራኝ ጫካው እረጥራኝ ዱሩ ይባል ነበር። አሁን በሰፊው አካባቢ ይህ ሁናቴ የለም። የዚህ ዝግጅት ዓላማ ይህን አቅም መመለስና ለምለሚቷ ሀገርን መገንባት ላይ ነው ያሚያጠነጥነው።

ስለዚህ የአሁን ፓርክ ልማት የተፈጥሮን ቀሪ ሀብት ለመጠቀም ሲሆን ለማጎልበት ያለመ አይደለም። ከሀገሪቱ የሰላም ችግር አኳያ ቅድሚያ የሚሰጠው አይደለም። ከግብርና ምርት ማሽቆልቆል አኳያ ቅድሚያ የሚሰጠው አይደለም። ሠላም ሳይኖር ከየትም ሊጎበኝ የሚጓዝ ጎብኝ ሊኖር ስለማይችል ከፍተኛ የኢኮኖሚ አጠቃቀም ችግር ይፈጥራል፤ እየፈጠረም ይገኛል።

14. የመጽሐፍቱ የወደፊት ዋና ግሥጋሴዎች

- የለውጥ መንገዶችን በማሠሥ ሳይንስን ወደ ልጆችና ማህበረሰቡ ማስረፅ፣
- የዝናብ ሀብት ከፍተኛ መሆኑን ማስረዳት፣
- የዕድገት መሠረትን የተከተለ ሥራ ፈጣሪ ትውልድ ማብቃት እና
- ሲተገበር የጋራ ሀብት ማካበት የሚያስችል ሆኖ በዚህም ድህነትን ከሥረ መሠረቱ መዋጋትን ያካትታል። በአጠቃላይ፡-

  - የዝናብ ውኃ መንገዶችን፣
  - የንፋስን ጥቅም፣
  - ዋናው የሀይል ምንጭን፣
  - የዝናብን ተፈጥሮአዊ ሂደት፣
  - ለአካባቢ ጠቃሚ መስፈርቶችን፣
  - በተጨማሪም ሀገርን በሚጠቅም ከፍተኛ መጠን ያለውን የውኃ ሀብታችንን ለማስተዳድር የሚያስችሉ ሳይንሳዊ ሂደቶችን፤ ብሎም የጣና ሀይቅንና የዝናብ ውኃ ሀብት ትስሥርን እግረ-መንገዱን በቀጣይነት በማብሰር እስከ ትግበራ ድረስ ፕሮግራም በመቅረፅ ያመራሉ።

ዝናብ ዋናው የተፈጥሮ ውኃ ማቅረቢያ ዘዴ ሲሆን ምን ያህሉን ተገለገልንበት?

በባህላዊ ዘዴ አርሶ አደሩና አርብቶ አደሩ ከሚገለገሉበት በስተበቀር ይህን ያኽል አገለግሎት ላይ እየዋለ አይደለም። የመስኖ፣ የሀይልና የመጠጥ ግድቦች ቢኖሩም ከዝናቡ መጠንና ሀብትነት አኳያ ጥቅሙ በጣም ትንሽ ነው። በቀጣይ መጽሐፍ እንዴት በየቀበሌው ይህን የተፈጥሮ ስጦታ በሚገባ እንድንጠቀምበት ይተነትናል።

15. የዕድገት ሚስጢር

ትርፍ ሳይኖር ለውጥ ወይም ዕድገት ሊኖር አይችልም። ስለዚህ ለለውጥ ምርትንና አገልግሎትን በተለያዩ ዘዴዎች ማሳደግ ያስፈልጋል። ዋናው ችግር ከውጤቱ በፊት ያሉትን የተለዩ ወይም ያልተለዩ ሂደቶችን በሚገባ መረዳት አለመቻል፣ ሌላው ሰፊ ሥራ መሥራትና ውጤቱን ከፍላጎት በላይ አለማድረግ፣ እና የማይታዩ ኪሳራዎችን አለማዳንን ሁሉ ያካትታሉ።

ለሀገር ዕድገት ዋናው ተጠያቂው አስተሳሰባችን ነው። አዕምሯችን ጠቃሚ ያልሆኑ ነገሮችን ሁሌም ካግበሰበሰ ውጤቱ ድህነት፣ ዕርዛት፣ ግጭት፣ ወዘተ ይሆናል። ከሀገራችን ውጤት ተነስተን ምን እያደረገ ነው አዕምሮየ ብለን እራሳችን መመርመር ይጠበቅብናል። ብስሉን ከጥሬው፣ ገለባውን ከፍሬው፣ የተበላሸውን ካልተበላሸው፣ የማይጠቅመውን ከሚጠቅመው፣ አክሳሪውን ከሚያተርፈው፣ የሚያባክነውን ከሚያጎለብተው፣ ወዘተ በሁሉም ዘርፍ በመረጃና ማስረጃ መመርመር፣ መለየትና ሥልት በመንደፍ ወደ ትግበራ ማስገባት ከሁሉም ይጠበቃል።

ለዚህም ጠቃሚውንና አስፈላጊውን ለመለየት መማርና መመራመር የግድ ያደርገዋል። ይህም በርካታ የሙያ ዘርፍ ስለሚጠይቅ አንዱን ዘርፍ ብቻ በመምረጥ በዚህ መጽሐፍ ተተንትኗል እሱም የዝናብ ውኃ ሲሆን ሰፊ ቦታ ስለሚሸፍን በግዙፍ መጠኑ እንደዋና ሀብት ትኩረት ተሰጦታል።

እስካሁን የዝናብ ውኃ ሀብት እንደዋና ሀብት አይታይም፤ ከዚያ ይልቅ ዓባይን ጨምሮ ወንዞች፣ ሀይቆችና ምንጮችን በተመለከተ የተሻለ የሀብትነት ግንዛቤ ሊያገኙ ችለዋል። ሆኖም ሁሉም ለዝናብ

ውኃ ሀብት ጥገኛ ናቸው። ስለዚህ ይህ በዝናብ ውኃ ላይ የሚደረገው አቀራረብ ትውልድን በዋናው ሀገራዊ ሀብትና ሳይንስ በማነፅ የጠፋውን የዕድገት መንገድ በመለየት ለምለም፣ ውብና ለኑሮ መቹ የሆነ ሀገር ለመፍጠር ትልቅ ድርሻ ይኖሮዋል ተብሎ ታምኖበታል።

ፈጣሪ ለሀገራችን ልክ እንደ ነዳጅ ሀብት የውኃ ሀብት በዝናብ መልክ የሰጠን ሲሆን ይህን ተጠቅሞ የማህበረሰቡን የኑሮ ደረጃና ሀገርን ማሳደግ ይቻላል ሆኖም በዝናብ ውኃ ሀብታችን በሚገባ ከመጠቀም አኳያ የግል ዕውቀትና የጋራ መርሆዎች ያስፈልጉናል።

የሊቁ መጽሐፍት ዝግጅት ዋና ዓላማም እነዚህን ጉዳዮች በማህበረሰብ ደረጃ በማሳካት ለውጤት ማብቃት ነው

ሁሉም ነገር ከጥቃቅን ነገሮች የተሠራ ከመሆኑ አንፃር ለጥቃቅን ነገሮች ያለን ትኩረት እዚህ ግባ የሚባል አይደለም። ለምሳሌ፡ የሚጥር አካልን አለማበረታታት፣ ትናንሽ ሥራዎችን መናቅና ሂደቶችን መዝለል፣ ለሀገራዊ መጽሐፍት ትኩረት አለማድረግን የመሳሰሉትን መጥቀስ ይቻላል።

ውኃ ህይወት ነው! ከመጠጥ ፍላጎት በላይ ለአየር ፀባይ መፈጠር ዋነኛ ምክንያት ነው፣ ሁሉንም ምርት ለማምረት በተለያየ መንገድ ግብዓት ነው፣ ለተክሎችና ለእንስሳት መተኪያ የሌለው ፍላጎት ነው፣ ቤትም ሆነ መንገድ ግንባታ ካለውኃ አይቻልም፣ ለመዝናኛ፣ ውበትና ቱሪዝም እንዲሁም የሀይል ምንጭም ነው። ስለዚህ በአጠቃላይ ውኃ ሁሉንም ነገር ነው።

በሌላ መንገድ ለመግለፅ አንድ ሆቴል ለማደር የሚከራይ ደንበኛ ሆቴሉ ውኃ ከሌለው ሊከራየው አይፈልግም። ይህ ደንበኛ ነዳጅ ሰይሆን ውኃ ነው የሚጠይቀው። ሆኖም ነዳጅ ውኃ ለማቅረብ የሀይል ምንጭ ቢሆንም ውኃ እጥረት በአካባቢው ካለ ነዳጅ ቢኖርም ውኃ መሳብ አይቻልም። የዚህ መጽሐፍ ዋና ዓላማ የተዘለለውን የውኃ አቅም በነዳጅ ወይም በኤሌክትሪክ ሀይል ከመሳቡ በፊት ሀብቱን ለማዳበርና የውኃ እጥረት እንዳይኖር ለማድረግ ነው። በተመሳሳይም ለሁሉም ልማት አውታሮች በአጠቃላይ ዓላማው ያካትታል። እጥረቱ ከተቀረፈ ለሁሉም አገልግሎት በማዋል ሀገርን በከፍተኛ ሁኔታ ከግለሰብ ጀምሮ ለማሳደግ የታሰበ ታላቅ እንቅስቃሴ መሆኑን መገንዘብ ያስፈልጋል።

የውኃ አስተዳደር የሀገርን የዕድገት ደረጃ ይወስናል

ስለዚህ ትኩረት ለውኃ

ለአካባቢ የውኃ ዋነኛው

መገኛ ዝናብ ነው

ዘንቦ ውኃው ከ13 በላይ አቅጣጫ ከወደቀበት ጀምሮ

ምንጭ ሆኖ እስኪወጣ ድረስ የመጓዝ ዕድል አለው

ይህን ሳይረዱና በመርህ ተግባራት

ካልተተገበሩ ልማት ዘላቂ መሆን አይችልም

የዕድገት ሚስጢር አንዴ ከተገኘ ዕድገት አስተማማኝና ፈጣን ይሆናል። ሆኖም ሚስጢሩን ለማግኘት ከፍተኛ ጥረት ይጥቃል።

ለውጤት አስተሳሰብን ማዳበር ስለሚጠይቅ ይህን መጽሐፍ ካነበቡ በኋላ የሊቁ አካባቢያዊ ቅኝት መጽሐፍትን ለልጅዎ ብሎም ለሀገር ቤት ትምህርት ቤቶች በማቅረብ ራዕያችን በእርስዎ ሀገር ቤት ሠፈር በማሳካት ቀጥተኛ ተሳታፊ እንዲሆኑ ተጋብዘዋል።

16. ማደግ ያልተቻለበት ዋና ምክንያት ለምስክርነት

1. ፖለቲካው በዕውቀት ተመርቶ በማህበራዊ፣ በደህንነትና በኢኮኖሚ የተዋጣለት በማድረግ ለሰው ልጅ ምቹ ሀገር መፍጠር አለመቻሉ፤ ግልፅ ራዕይና የዕድገት ንድፍ ከጫፍ እስከ ጫፍ የሚያሳትፍ አለማቅረቡ።
2. የገበያ ፍላጎትን አለመረዳትና ፍላጎትን ያሚያሟላ ምርትና አገልግሎት ማቅረብ አለምቻል (ፍላጎት ልክ እንደ ወንዝ ውኃ ቋሚ ሳይሆን ሁሌም በዓይን ባይታይም ቀጣይነት ያለው ፍሰት ነው ስለዚህ ገበያውን ለማርካት ለዕውቀትና ለሥራ ትኩረት መስጠት ወሳኝ ነው)፤
3. በሀገራችን ገዳማት የዝናብ ውኃን በሚገባ በማስተዳደራቸው በአብዛኛው አካባቢ የውኃ ዕጥረት የማይገጥማቸው ለምለም አካባቢን ለረጅም ዓመታት እያቆዩ ይገኛሉ። ይህ ሥርዓት በርካታ ሚስጥሮች ያሉት ሲሆን በሚገባ ትኩረት በመስጠት የሚረዳ አካል አለመኖሩ።
4. ማዳበሪያ የማይፈልግ መሬት፡ በአብዛኛው አርሶአድር ደረጃ ከፍተኛ ምርት ካለኬሚካል ማዳበሪያ በጓሮ ማሳ ላይ እየተመረተ ይገኛል፤ ይህ ባህላዊ ዘዴ ማዳበሪያነቱ ብቻ ሳይሆን ብዙ ሰው ያልተረዳው የተገኘውን የዝናብ ውኃ በሚገባ ይገለገልበታል። አርሶ አደሮች ዝናብ ለአራት አምስት ቀናት ቢዘገይም ለዚህ ማሳቸው እንደማይሰጉ ገልፀዋል ሆኖም የዚህ ሚስጥር ጉዳይ በስፋት እንዲከተሉት ለአርሶ አደሩ በግልፅ መብራራት አለመቻሉ።
5. መንግስት ለማህበረሰቡ የሚሰራቸው ተደርገው የሚቆጠሩ ዋና ዋና የልማት እንቅስቃሴዎች በዘመቻ ችግኝ ተከላ፣ መጠጥ ውኃና መስኖ ግንባታ፣ በዘመቻ ለእርከንና ውኃ ማቆር ቁፋሮ፣ በክላስተር ስንዴ ማምረት፣ ዝናብ ማዝነብ ወዘተ ሲሆኑ አንዳቸውም ሰፊውን ማህበረሰብ በዕውቀት በመገንባት በራሳቸው በቀጣይነት እየገነቡ ወይም የተገነባላቸውን በዘላቂነት

እንዲያስተዳድሩት እየተደረገ አለመሆኑ። ዋናው ሰፊው ማህበረሰብ የአዕምሮ ሀብት ትኩረት አላገኘም፤ በዚህም ትርፍ አምራች መሆን የሚያስችለው የሰው ሀይል በመባከን ላይ መገኘቱ።

6. በተለምዶ ልማት ሲባል ግንባታ ወይም ፊትለፊት በፍጥነት ውጤት ማየት ተብሎ በአብዛኛው ሰው መታመኑ ይህንንም ጉዳይ አለመረዳት። ይህ በጣም ስህተት አመለካከት ነው። ለምሳሌ አርሶ አደሮች ምርት የሚሰበስቡት ከብዙ ቀናት ጥረት በኋላ ነው።
7. ማህበረሰቡ እንዴት ማደግ አለብን? ምን ምን ማድረግ ይጠበቅብናል? ባለሙያ መጋበዝ ያስፈልጋለን? ሙከራስ ማድረግ የግድ ነውን? ጥሩውን ሙከራ ማስፋፋት ጠቃሚ ነውን? ብለው ቆራጥ አቋም የመያዝ ልምድ በስፋት አለመኖሩ። ነገር ግን ከዚህ አቀራረብ አኳያ በጣም አስፈላጊ ነው። በአስተሳሰብ ጠንካራ ለመሆን ሀሳብ እንፈልጋለን የሚል ማህበረሰብ በቀበሌ ወይም በወረዳ ደረጃ ሊፈጠር አለምቻሉ።
8. ለለውጥ አስተሳሰብ ወሳኝ ሚና ይጫወታል ሆኖም በማህበረሰቡ ደረጃ በዋና ሀብት ማጎልበት ደረጃ አስተሳሰብ የሚያሳድግ ጉልህ ተግባር አለመኖሩ።
9. የማህበረሰቡ አስተሳሰብ በዕውቀት ካልዳበረ፡ ከጀርባ ሀብት የሚያዳብረውን ሂደት መለየት፤ ቅድሚያ መሰጠት የሚገባውን ማወቅ፤ በርካታ ጥቅም የሚሰጠውን እና በአጠቃላይ ከፍተኛ አቅም መገንባት የሚያስችለውን ጥንካሬ ማግኘት ያስቸግራል።
10. ሥርዓተ - ትምህርቱ በዋና የሀገሪቱ የዝናብ ውኃ ሀብት ላይ ተመረኮዞ አለመቀረፁ፤ እና ሥራን የሚነድፍ የተማረ ሀይል አለማፍራቱ።

11. ዋናው ድክመታችን መከሰት የጀመረው መከባበር መሸርሸር ከጀመረ ጀምሮ ነው። ለዚህም መከሰት ዋናው ምክንያት የውኃ ሀብታችን ሲሆን የኢጣሊያንን መካናይዝድ ጦር በባህላዊ መንገድ ያሸነፈ ህዝብ በጦርነት ማዳከም ወይም ማሸነፍ

እንደማይቻል ዋና ጠላቶች ደምድመዋል። በተፈጥሮው ምክንያት የውኃ ሀብቱን በሚገባ ለመጠቀም የህብራተሰቡን ትብብር ይጠይቃል። ማህበረሰቡ ከተባበረና በኢኮኖሚ ሀገሪቱ ከዳበረች ዓባይን ሙሉ በሙሉ አስቀርታ ትጠቀምበታለች ወይም ለውኃው እንድንከፍል ታስገድደናለች ብለው በተሳሳተ መንገድ ማሰባቸው ነው። በጦርነት ስለማይታሰብ በደካማ ጎናችን በጥናት ተዘምቶብናል። ይህም አብዛኛው ማህበረሰብ ያልተማረ ስለሆነ አመቺ ሊሆንላቸው ችሏል። ማህበረሰቡ እንዲጠላላና እንዳይተባበር ትርጉማቸው በማይታወቅ ስድብ በጅምላ በክልል ውስጥና በክልል መካከል ከማስረፃቸው ባሻገር የተማረውም ሆነ ያልተማረው በተቀደደለት ጂረት መንጎድ ጀምሯል። ይህም መብትና ግዴታችን አሳጥቶናል ብሎም ዘላቂ አካሄድ ስሌለለው መከባበርን ሸርሽሮታል። ይህም ጠቃሚ ዕውቀትን ቅድሚያ ለመስጠት አላስቻለንም። በመጨረሻም ዕምቅ የሆነው ሀብታችን እየተጎዳ ሳንጠቀምበት በመባከን ላይ ይገኛል። አይደለም ሌላ ግድብ መሥራት ቀርቶ ለዕርዛትና ርሃብ ዳርጎናል። ችግሩም ለሁሉም ሆኗል። በዚህ ሂደት ሀገራችን የውኃ ማማ ሁና ለጎረቤት በዘላቂነት ማጋልገል አትችልም።

References:

cover image: Grand Ethiopian Renaissance Dam. (2023, May 17). In *Wikipedia*. https://en.wikipedia.org/wiki/Grand_Ethiopian_Renaissance_Dam

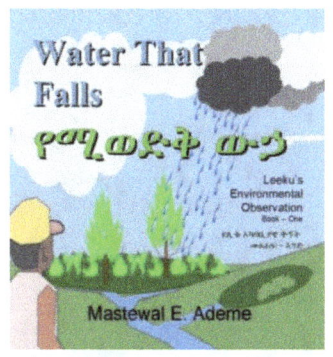

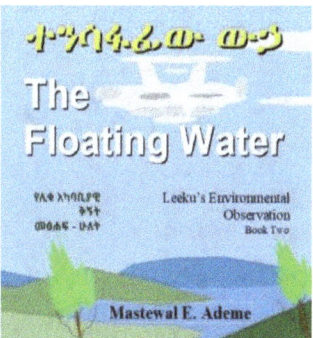

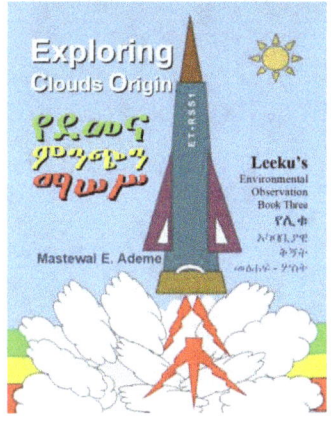

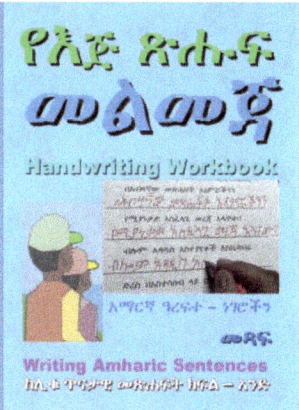

ለልጆች መጽሐፎችን በዚህ መስመር ይገኛሉ፡

amazon.com/author/mastewalademe

About The Author

Mastewal E. Ademe: Graduated with a master's degree in water resources management at the IHE-Delft Institute for Water Education, the Netherlands. And a Bachelor of Science in Agricultural Engineering from Alemaya University of Agriculture, Ethiopia.

An expert for more than fifteen years in Soil and Water Conservation. Also appointed as head of water resources management in Ethiopia. Then worked as a coordinator for the Participatory Small-Scale Irrigation Development Program in Ethiopia for about three years. During this period, based on the approach awarded to work on IFAD sponsored "Filling the Inter-Generational Gap in Knowledge on Agricultural Water Management: twinning Junior and Senior Experts." Also was nominated as a change agent by USAID-Ethiopia.

For inquiries, use email: mast962004@yahoo.com